生津解渴

中国茶叶的全球化

陈慈玉 著

文明小史

商務印書館

目录

自　序

近代以前，东亚、中亚、西亚、欧洲各民族与中国接触时，在手工业制品和技术方面，得自中国者多，给予中国者少。因此手工业可以说是形成中国“地大物博”的“宗主国”政治权威之一重要物质基础。直至21世纪的今日，Silk（丝）、Nankeen（南京棉布）、China（陶瓷器）、Tea（茶）等国际语言仍象征着往昔灿烂的中国手工业，曾经赢得西方的赞叹。

我在30年前开始研究茶业史，当时所以醉心于茶业，是因为它是东西文化交流的媒介，是英国在18、19世纪从事海上贸易时所展开的东亚三角贸易之重要一环；它所呈现出的饮茶文化是东方精神文化的象征，同时也是西方物质文化的表象。借着对茶业史的了解，我略微知晓了所谓“西力冲击”的意义和内涵，也认识到19世纪以来东方和西方交会时所迸放出的“火花”，从而涌出了爱乡情怀。而在全球化议题发烧的今日，我们重新检视茶业在当时的流通情况及其影响，适足以说明它是全球化的中国商品。

基于这种认知，我撰写了这本小书。试图指出在全球化进程中，虽然以茶业为饮料的习惯源于中国，经陆路与海路传播至世界各个角落。但在东方与西方，却由于本身传统文化的不同，环境的相异而产生不一样的饮茶文化。西方是以英国为典型的红茶文化，此红茶文化飘逸着贵族的气息，带着重商主义的色彩，促使欧洲强权为了满足对红茶及其佐料蔗糖的需求，不惜伸展帝国主义的魔掌，在当时所谓的“落后”地区一而再、再而三地制造殖民地，展开商品掠夺和人身买卖（奴隶）的活动。影响所及，中国茶贸易之开始发展、鼎盛、衰微，皆受制于外国市场。尤有甚者，当时支配贸易的外国商人为能确实获得价廉物美之茶，于是向印度、锡兰与日本发展茶栽培业与投资制茶工厂，强使亚洲茶叶生产国发生竞争。

本书就是从这些观点去构思的，期盼能描绘出中国茶叶在近代世界史上所扮演的角色，显现出它足以傲视咖啡、可乐等西方产品的多彩多姿的一面。

两三年来，若非中兴大学文学院林富士院长（当时是“中研院”历史语言研究所副所长）的不断鼓励与积极审查，我恐怕无法完成此书，现谨致以十二万分的谢忱。政治大学历史系彭明辉教授于百忙之中细心阅读拙稿、指出不少谬误，实在感激不尽。

回首这近30年来的研究生涯，一股莫名的感慨不禁涌上心头。先严和先慈一直是我最大的物质与精神支柱，他们对学术的尊重与对新知识的不断追求，影响了我走上学术之道。外子任洪的全力支持更让我在失去慈亲后产生继续再冲刺的勇气，从事太空科学工作的他，经常徜徉于浩瀚宇宙，却鼓励我关心自己的乡土，浸淫在经济史领域中；他时常在品茗之际，从外行人的角度提供不少意见，让我不至于钻牛角尖而能豁然开朗。现在我谨将这本有关茶叶的小著献给他，以表敬爱之情于万一。

陈慈玉谨识

南港四分溪畔

绪　论

如果从世界各国对茶（te）这个字的发音来看和“丝路”相提并称的“茶路”，亦即茶自东方传播到西方的路径，也可以显现出中国茶叶的全球化过程。

现在世界各国的语言中，对于茶的发音大致可以分为两大系统，即广东话的CHÁ和福建话的TE（TAY）。台湾的发音属于后者，而属于前者的有：日语（CHA）、葡萄牙语（CHA）、阿拉伯语（CHAI）、俄语（CHAI）和土耳其语（CHAY）等；属于后者的有：荷兰语（THEE）、德语（TEE）、英语（TEA）和法语（THÉ）等。

至于这些发音的传播路径如何呢？根据日本人的研究，语言（发音）的传播可分为陆路和海路二方向。即广东话系统的 CHÁ 是经由陆路，向北传送到北京、朝鲜、日本和蒙古，向西传播到西藏、印度、中东、近东和东欧之一部分；至于俄国方面，则或从黑海沿岸，或从蒙古引进。在西欧，只有葡萄牙是属于广东话系统而非自陆路传入的，那是因为葡萄牙直接统治澳门，而从此地导入茶的缘故。另一方面，福建话的 TE 的系统，则深受与厦门开始直接贸易的荷兰所影响，茶经由荷兰而扩展势力范围至西欧各国和北欧，这是从南海航路向西方的传播。“茶”的发音的传播当然和茶叶本身的扩散有关，因此以上的“茶路”应该是可以成立的。

多样的品茗文化

中国唐代之时（7—10世纪），茶叶就已经成为重要的国内商品，而从中国的国内商品进一步成为国际性的商品，是由于近世各国东印度公司从事与亚洲间的贸易，使饮茶的习惯逐渐在欧洲人之间（特别是英国人）流行以后的事。

早在16世纪，产于东方的茶叶即曾经出现在西方人的游记中，他们到中国、日本、印度、东南亚旅行时，发现中国人有饮茶的习惯，就是在空腹时喝一两杯茶能够治疗热病、头痛、胃痛等病痛。而到中国的上流家庭去访问时，所接受的款待是喝茶，换言之，欧洲人与东方茶“最初接触”时的印象是：茶是一种药，是体现待客之道的饮料。这其实也是一般台湾和大陆对其本地所产的茶叶的最初印象。随着时间的流转，在西方和东方却出现不同的品茗文化。

红茶文化

18 世纪初期的英国贵妇开始齐聚在茶几品茗，到了 19 世纪，茶已经成为英国国民的饮料，并且逐渐形成英国特有的“红茶文化”，此红茶文化相异于东方的绿茶文化。今日世界茶叶中约有 80% 是红茶，其余的 20% 为绿茶、乌龙茶和包种茶，大多只在日本、中国饮用而已。世界上有一半的红茶是由英国人所消费的，红茶成为他们日常生活的一部分，而且是极为重要的部分，早上一睁开眼，就在床上喝一杯茶以提神，然后才开始一天的生活。早餐时必喝茶，11 点钟再喝茶，午餐时亦饮用，到了下午 4 点，是所谓的“下午茶时间”，晚餐时和晚餐后亦非喝不可。这种习惯即使在工作场所也一样维持，亦即每天上午11点和下午4点是“tea break”，所有的人都暂时放下手中的工作，在谈笑风生中享受着红茶的美味。招待客人亦大多以喝下午茶的方式来进行，一壶红茶，加入牛奶和砂糖，配上蛋糕或饼干、三明治，表现出主人的诚意。

英国人可以说是现在世界上最爱好红茶的民族，其品茗方法中蕴藏着英国资产阶级的高贵气息，可以总称为“红茶文化”，这是在18世纪开始酝酿，而于19世纪的维多利亚时代所形成的。

英国的红茶文化是资本主义的产物，从18世纪初期围着茶几的贵妇人的饮茶开始，到19世纪中叶时，已扩展到劳工阶级和下层中产阶级的生活之中，成为民众的生活必需品。那么，红茶文化的特征是什么呢？就如同饮用红茶时加入牛奶和砂糖所象征的那样，意味着物质的奢侈，或者说从这种品茗方

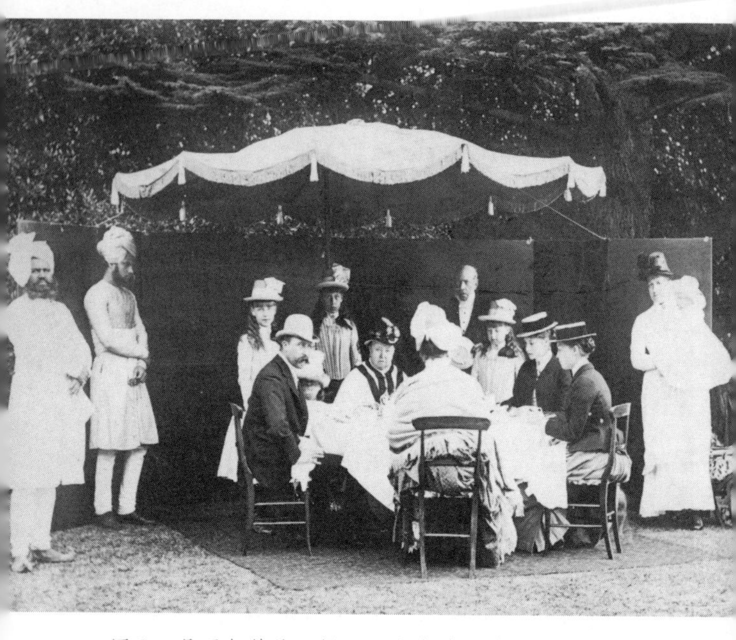

图1　喝下午茶的习惯，已成为英国特有的“红茶文化”。图为英国维多利亚女王（1819—1901年）举行的下午茶宴。

式中可以显示出物质文化导向。为什么呢？因为英国人所发明的这种饮茶方式是始自17世纪中叶查理二世（1630—1685年）的皇后凯瑟琳（1638—1705年），当时不但茶叶价格高昂，而且依赖进口的砂糖的价格亦可与银块相匹敌，也不是王侯贵族所能负担的。后来，由于茶叶的普及，砂糖的消费量亦随着增大，

图 2　英国凯瑟琳皇后像。她原为葡萄牙公主，嫁至英国后，也将东方的饮茶习惯带入宫廷。此图为德克·斯图普（Dirck Stoop，约 1610—1685 年）所绘，现藏于英国国家肖像馆。

砂糖是资本主义国家在西印度群岛上利用非洲奴隶从事热带大栽培业的产物，砂糖进口量的增加和价格的下降，使英国贫民亦能和富人一样地喝茶。因为茶和砂糖都依存海外的供给，所以就某种意义而言，它们刺激了当时资本主义国家的对外经济活动。换言之，所谓的“红茶文化”不但使18世纪成为重商主义时代，并且逐渐成为重商主义时代的典型文化，带有一种以控制殖民地为导向的性格，富有攻击性及侵略性。因此红茶文化逐渐发展成红茶帝国主义，而支撑此红茶帝国主义的支柱有二：一为确保西印度群岛的砂糖殖民地，一为掌握中国茶的来源或确保在殖民地（印度、锡兰等地）的茶树栽培及其生产，如此，红茶帝国主义如大鸟般地展开双翼飞翔，一飞向西印度群岛，一向东方。

那么，当时另一种饮料——咖啡——的命运如何呢？咖啡大概在17世纪中叶开始（与茶叶同时）以珍贵的舶来饮料的姿态流入英国，当时的供给地是阿拉伯半岛的摩卡，从事这方面贸易的是荷兰东印度公司和英国东印度公司，而且输入到英国的咖啡数量一直比

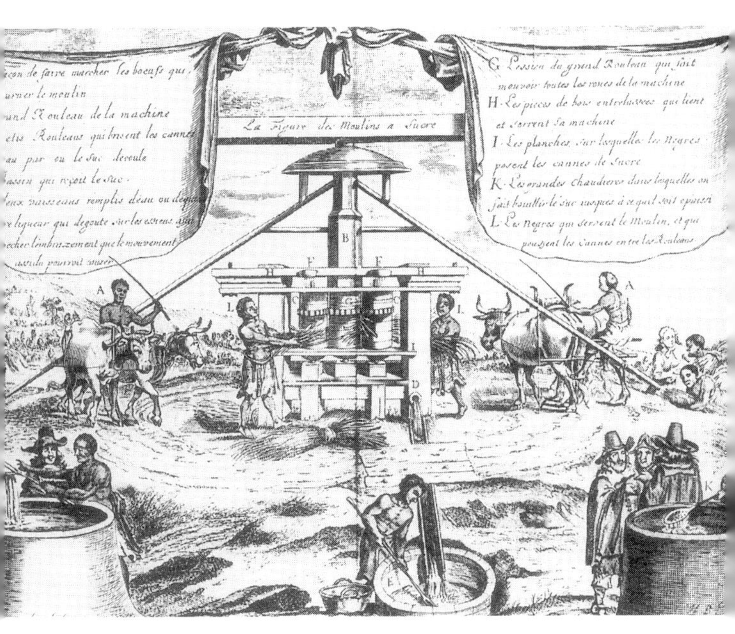

图3　西印度群岛奴隶的制糖流程。砂糖是英国“红茶文化”不可或缺的要素之一，也是英国红茶帝国主义的代表。为确保砂糖供应无虞，英国人必须把西印度群岛牢牢握在手里。

茶叶多，换言之，18世纪初期以前的英国人比较喜欢咖啡。

18世纪初期，世界的咖啡产业发生变化。首先，荷兰人于17世纪末先后在爪哇、锡兰移入咖啡种子试种，1713 年开始输入爪哇咖啡到欧洲，而且到 18 世纪 30 年代，爪哇咖啡的价格远低于摩卡咖啡，在欧洲大受欢迎。由于荷兰成功地在爪哇发展咖啡的栽培业并以低价供给欧洲，故英国东印度公司所进口的摩卡咖啡销路不佳，不得不把亚洲贸易的主力商

图 4　来自海外的茶、咖啡及可可开始成为 18 世纪欧洲的流行饮品。

品自咖啡转移到中国茶。随着输入渐多，价格也相对地下降，例如 18 世纪初期每磅茶叶值 17 先令半，至 18 世纪 50 年代下跌到 8 先令左右，到 18 世纪末又跌落到 2 先令 10 便士。相形之下，虽然英国在牙买加发展咖啡的

图 5　绿茶象征东方追求精神宁静的文化。

热带大栽培业，并输入咖啡到英国，但到18世纪末，在该国咖啡仍为奢侈品，普及程度远不如来自东方的茶叶。

至于可可，虽然也是同时期流入英国的，但其价格是咖啡的两倍，只有追求时髦的上流人士可以享用，无法扩大顾客群到中间阶层以下的民众。并且1727年大飓风侵袭西印度群岛，摧毁了英国的可可大栽培业，也使它不可能成为英国人的日常饮料。

绿茶文化

如果我们认为红茶文化是象征着西方追求物质享受的文化，那么，绿茶文化可以说是象征着东方追求精神宁静的文化。绿茶在中国原本亦当作药用，后来才逐渐成为一种饮料，到8世纪，转变为文人隐士所钟爱的一种高雅的生活情趣，并且跨入了唐代诗歌的领域。15世纪时日本人更将茗茶提升为一种审美的宗教，进而发展成“茶道”（Sadou）。

图 6　日本人将饮茶提升为茶道，女性学习茶道可以培养端庄典雅的气质。

茶道是把“喝茶”此一日常生活中的行为虚构为一种饮茶的礼仪和宗教的仪节，它崇拜的对象是一些具有美感的东西，这些事物并非存在于浩瀚的天地宇宙间，而是存在于日常生活之中，例如茶器、画轴、插花等。它教导人们，在纯粹中追求调和，在神秘中寻得互爱，在浪漫中追求秩序。到 18 世纪初期，

茶道甚至发展成强调儒家的伦理道德、引导庶民的“世教”，因此茶道在日本既进入了达官贵人的优雅庭院，也走入了平民百姓的

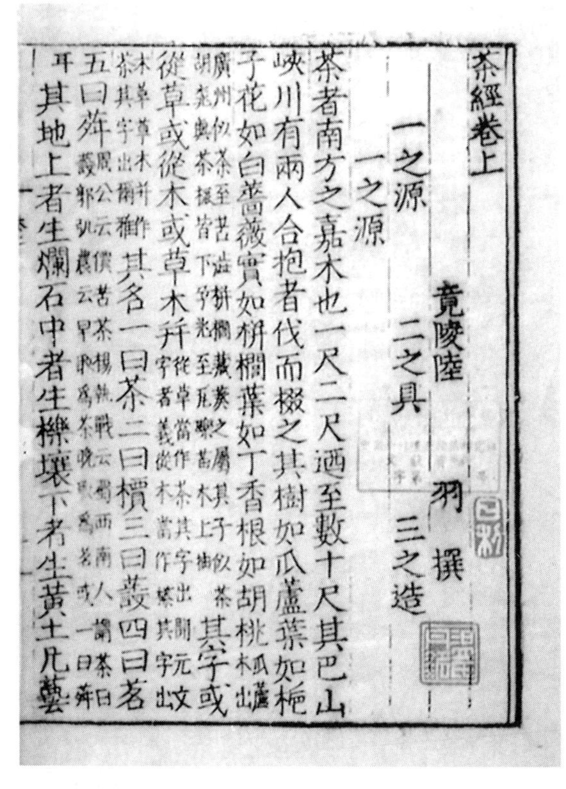
茶經卷上

竟陵陸　羽　撰

一之源　二之具　三之造

一之源

茶者南方之嘉木也一尺二尺迺至數十尺其巴山峽川有兩人合抱者伐而掇之其樹如瓜蘆葉如梔子花如白薔薇實如栟櫚葉如丁香根如胡桃瓜蘆木出廣州似茶至苦澀栟櫚蒲葵之屬其子似茶胡桃與茶根皆下孕兆至瓦礫苗木上抽其字或從草或從木或草木并從草當作茶其字出開元文字音義從木當作梌其字出本草草木并作荼其字出爾雅其名一曰茶二曰檟三曰蔎四曰茗五曰荈周公云檟苦荼楊執戟云蜀西南人謂茶曰蔎郭弘農云早取為茶晚取為茗或一曰荈耳其地上者生爛石中者生櫟壤下者生黃土凡藝

图 7　明代刊行的《茶经》。陆羽《茶经》将饮茶赋予人文意义，成为中国精神文化的一环。

蜗居寒舍。农夫学会了插花，卑微的劳工埋首于泉石山水之乐。茶汤显然拥有双面性格，一面是游乐性，一面是求道性。故绿茶文化象征着人类追求精神生活的最高层次。

但是，日本讲究仪礼与调和之美的茶道并不等于是绿茶文化的全部。在中国，自从8世纪陆羽（733—804年）的《茶经》出版后，提升饮茶由纯物质而成为中国精神文化的一环，唐宋时代以来的文人雅士不但把品茗艺术融会贯通进诗、词、歌、赋内，谱出不少佳作，而且更刊行无数的茶书，提倡饮茶艺术，强调茗茶、茶器、泉水和汤候，引起社会人士对茶艺知识的普遍关注。这些文人大多生长于江南一带，此地区自唐代中叶以来经济发展的速度最快，人民生活水准最高，物质生活最丰裕，教育程度在全国最高，促使他们在讲求口腹之余，亦追求精神生活的充实与提升，于是有关茶的采购、烘焙、收藏，器之质料、大小，水的选取和泡茶时

图 8　惠山茶会图。明代文徵明（1470—1559 年）作于 1518 年，描绘文徵明与友人在惠山品茗的情景，显现以茶会友的生活情调。

的量和火候，都有一定的原则和知识。甚至对于饮茶场所和同伴的选择，也都越来越注重。他们游山玩水，足迹遍布名山大刹，结交出家人。僧人本来就在寺院中的空地种植茶树，烘焙茶叶后出售来补贴僧众日常生活的开支，在日积月累的品茗经验中，养成高深的茶艺。例如在明代，很多享誉当代的名茶，多由僧家精焙出来，如松萝茶是苏州虎丘山僧大方云游到安徽松萝山时，采摘附近茶叶烘焙而成的，名震明清二代。甚至福建也曾礼聘黄山僧以松萝法来制武夷茶。文人与僧家交游，能够品论茶艺、论学讲道、谈佛学禅，更增加对人生的认识和茶艺的了解。易言之，中国传统的饮茶文化是一种崇尚自然、幽趣和精神内涵的极致，既迥异于西方的红茶文化，也与日本的茶道各具风格。

日本的茶道源于中国，从现今日本的“茶室”或许仍可看出端倪。大致说来，唐代茶室崇尚简朴，不多摆饰；但到了宋代，摆设渐多，和其他艺术品融为一体，如焚香炉、画轴和插花。不但文人雅室如此，甚至连酒楼茶室、僧房道观也是如此。明代茶室则更缛丽繁华，有的与书斋合为一体，既有长方形书桌，桌上放置小巧精致的文具、熏炉等，又有一张小石几，专门摆置茗瓯、茶具，角落上还要放一张小榻，可供坐卧。壁龛上不一定要挂画，却可设置小佛像、古玩或奇石，这可以说是把饮茶之道融会进文人的心灵天地，使饮茶成为他们日常生活中不可缺少的一部分，使他们因而能创作出不朽的诗词佳作。或有时以文会友、以茶会友，激发出智慧的火花。

日本的茶室或许受到文人雅室的影响，却又呈现出不同的风貌。茶室外观非常小，室内最多只能容纳五人，茶室本身之外则大致包括三部分：水屋（在此清洗茶具以备茶事之用）、接待室（客人在此等候被请入茶室）和园间小道（连接接待室和茶室之间的路径）。在材料选取和园林设计方面都颇费心思，虽然外表朴素无华，但实际费工费时，直径二至三英尺，高度三四十英尺的巨大木柱，以一个错综复杂的网状托架为支柱，上面顶着一根巨大横桁，桁上承载着满覆瓦方，看似即将倾倒的屋顶。室内装饰单纯，一枝花，一个香炉，一道茶具，却避免颜色、设计上有重复之处，例如茶盅是黑釉碗，就不能再与黑漆的茶罐相配合。这方圆四席半榻榻米的空间是模仿禅院而来的，日本的茶师

图9　日本茶室内一景。今日的日本茶室仍然保留昔日简单、朴实的精神。

大多是禅宗门徒，他们有意将禅宗精神引进日常生活中，因此茶室和其他茶道备件，反映了不少禅宗教理。

比如茶室大小是根据《维摩诘经》的一节文字而来的，在这部经典中，维摩诘于这种尺寸的丈室中，接待文殊菩萨和多达 48 000 名弟子，此寓言的理论基础是说真正悟道者已无空间障碍的存在。而人们在被引导着经由花园小径时，脚下踏过似规则实参差的石阶，双肩擦过花岗石灯笼，不觉产生静寂纯洁之感，心灵远离尘嚣，然后从高仅三英尺左右的小门屈膝爬入茶室。茶室建材的简单，轻便易拆的竹制网架，薄弱不堪负荷的支柱，都显示出它（物质）的暂时性，永恒只保存于精神之中。在这里，人们能不受外界干扰而得到心灵的休憩。

中国人把饮茶视为是生活艺术，并非生活礼仪规范，更无宗教伦理在其中，所以饮

图 10　千利休画像。

茶艺术中没有宗派之分。日本则不然，自千利休（1522—1591年）于16世纪规划完成茶道以后，逐渐形成不少流派，代代相传，出现所谓“家元制度”，例如表千家、里千家、武者小路千家、薮内流、远州流等等。茶道不独为贵族武士专利，连商贩致富的市贾也附庸风雅，影响所及，庶民亦设法学习，现今茶道乃和花道、剑道一样，成为日本文化的精髓。

至于中国，由于饮茶是生活的一部分，在传统士农工商的社会中，因身份地位的差异，反映在饮茶一事上的作为自然也不同。前述文人饮茶的习俗大抵出现在物质生活富裕、知识较普及的江南地区，而占有中国人口90%以上的农民，因为没有受教育的机会，从而看不懂“茶书”，又无能力购买好茶，也没有太多的闲暇去煮茶品茗，饮茶一事对他们而言，只是解渴罢了！哪能奢谈“茶道”呢？即使是文人讲究的饮茶艺术，虽然自唐宋延续到元明，但到了明代末年（17 世纪），由于中国社会政治动荡不安，沿海经济发达，茶叶逐渐成为外销的产品，东南地区文化渐次发生变化，于是中国的饮茶艺术逐渐式微了。到了清代乃至今天，对大多数人来说，恐怕只保留了对茶叶本身高下的品味而已。但这也可以说饮茶从文人的文化转变为庶民文化。

红茶文化与绿茶文化的出现，也意味着西方与东方的接触。

西方与东方的接触

1773年12月，波士顿的反英激进派，装扮成印第安人，袭击停泊在港内的英国东印

图11　波士顿茶党事件。

度公司的两艘船，把船上的茶箱全部丢到海中，红茶漂满了一片海水，这就是闻名的波士顿茶党事件（Boston Tea Party），成为美国独立战争（1775—1783年）的直接导火线。而此红茶来自遥远的中国。60多年以后，在广州的林则徐（1785—1850年）下令焚毁鸦片，英国发动鸦片战争（1840—1842年），从此中国进入以欧美为核心的世界经济体系。茶与鸦片，这两种似乎不相干的物品，却从18世纪末叶以来共同缔造历史，使中国与近代西方世界紧密联系。

源　起

中国茶叶传入西方的历史可上溯到17世纪。在大航路发现后，西欧国家开始东来，16世纪末荷兰商队到达爪哇，并以此为东方贸易的据点，17世纪初期他们曾经输送日本茶到欧洲，这可能是最早传入欧洲的茶。后来由于英国崛起，再加上日本实施锁国政策（1635年开始），所以英国东印度公司成为引进中国茶到欧洲的要角。1669 年，英国东印度公司开始从爪哇的万丹购进 143.75 磅的中国茶输入到英国。1689 年，他们更直接自广州购买茶叶到利物浦，并经此转口到欧洲各国及其北美殖民地。1690 年买进 38 390 磅，但 1692 至 1697 年曾一度中断交易，1697 年再开始购买中国茶。而由于 18 世纪中饮茶的习惯在英国一般家庭（包括劳工阶层）逐渐普及的缘故，英国东印度公司的中国茶输入量与年俱增，1718 年已超过生丝与绢，居中国输出品的首位。到 18 世纪 30 年代初期，欧陆诸国的东印度公司亦从广州积极发展茶贸易，并且自欧陆走私转运至英国本土。

17 世纪开始购买茶叶的都是上流阶层的人士，而且价格非常高昂，一般市面上并不太容易见到，只有在类似现今高级俱乐部的咖啡馆出售。这些地方是商人和贵族的社交场所，从事海外贸易的商人在此一面喝咖啡和茶（二者皆为舶来品），一面高谈阔论、交换信息，此情景在17世纪后期至18世纪初最常见，从咖啡馆中孕育了不少新闻记者、文人和大文豪。

17世纪末的伦敦街头大约有3000多家

图12　18世纪享受英式饮茶的法国贵族。

咖啡馆，其中以贩卖茶叶著称的是凯拉威（Garraway's），所出售的茶叶据说能预防和治疗疾病，并曾张贴宣传茶之药效的海报，这或许是最初的茶叶海报吧！上面除了一般性的介绍此茶叶来自“文化大国”外，特别注明茶叶能治疗头痛、失眠、胆结石、倦怠、胃病、食欲不振、健忘症、坏血病、肺炎、腹泻、感冒等十多种症状，同时能增进体力。现今我们看来不无夸大其实之嫌，但这也说明了对当时英国人而言，中国和日本是拥有优秀文化的神秘先进国，饮茶就是其代表性的文化，因此有钱人愿意付出极高昂的代价，来饮用此富有东方神秘色彩的饮料。的确，当时同时进入欧洲各国的饮料有可可、咖啡和茶叶，但只有茶叶拥有历史悠久、光辉灿烂的文化：自 8 世纪唐代陆羽所写成的《茶经》，至日本以茶汤为中心的艺术文化；自茶杯、茶壶等美术工艺品至茶的冲泡法、饮用法及其礼仪等。反之，可可和咖啡二者并没有这种文化背景。

茶叶从药物逐渐变为饮料的主要关键人物是英王查理二世的皇后凯瑟琳。她原为葡萄牙之公主，1662年出嫁到英国后，带来了东方的饮茶习惯，由于她嗜好饮茶，所以在她的影响下，茶不但成为宫廷中的饮料，而且逐渐获得上流阶层女性的青睐，于是茶叶从咖啡馆慢慢地进入上流阶层的家庭。由于咖啡馆只是男性交际的场所，故茶叶很难普及，而一旦茶成为家庭中女性的饮料，则能广泛流传，因此食品杂货店也开始出售茶叶。但由于价格高，一般民众仍无能力购买。

到18世纪初期以后，随着农业技术改良和耕地面积扩大所引起的农业革命，使每年农产品收成丰硕，英国农民和劳工的实质所得明显上升，在一般民众所得增加的背景下，茶叶逐渐不再是奢侈品，而普及于一般家庭之中。虽然曾经出现不少喝茶的反对论，认为劳工和农民喝茶是浪费时间，而且茶叶对健康无益，妨害工业发展，使国民陷于贫困状态。但肯定劳工饮茶比饮用琴酒较健康的说法终于得胜，促进了饮茶风气普及于劳工阶层。

饮茶风气在18世纪中叶以后盛行另有一原因，就是价格的下降和供给的增加，价格的下降是由于茶税减低的缘故。

《减税法》的出现

此时，世界局势有所改变：英法殖民地七年战争（1756—1763年）之后，英国成为世界商业界之主脑，而1775年的美国独立战争、1778年的英法作战、1779年的英西之战、1780年的英荷战争，使英国逐渐孤立，亦使美洲新大陆的白银供给中断，导致英国东印度公司因为购买资本不足，不得不接受活跃在亚洲地区的港脚商人（country traders）补助；另一方面，一连串的战争使得英国财政陷入窘状，只得提高茶税。茶税自从1660年以饮茶税的名义创设以来，常常改

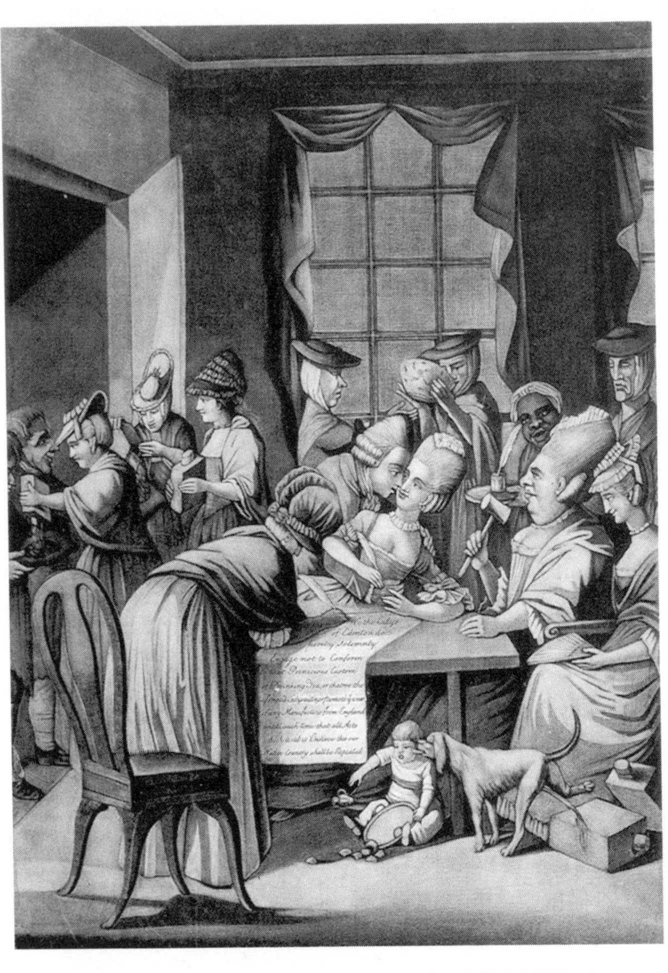

图 13　为抗议英政府课税而联署抵制喝茶的北美殖民地妇女。

订（1689 年改为关税），1768 至 1772 年，以当时价格换算税率是 64%，1773 至 1777 年平均为 106%，1784 年则高达 119%。

而中国茶虽为英国东印度公司的主要贸易商品，但数量却不多，例如 1772 至 1780 年每年平均 18 838 140 磅的中国茶输出总量中，经由英国东印度公司的船只运输至英国的只有 5 639 938 磅（占 29.9%），其余皆是欧陆各国东印度公司所购买的。但是以年平均消费量而言，欧洲大陆诸国最多消耗 5 500 000 磅，而英国和北美殖民地则至少可消耗 13 300 000 磅。由于英国茶市场上供需不平衡，再加上颇高的茶税，使得英国的茶价一旦高涨之时，欧洲大陆剩余的 7 698 202 磅茶叶（即中国输出总量减去英国东印度公司运输量和欧陆消费量），便会经由走私贸易流入英国以获取巨利。此时，在英格兰的茶商有 34 076 人，在苏格兰则有 956 人，而其中大约有 100 位大资本商人独占着合法贸易（这些人大部分在伦敦），他们的业务与利润因为走私贸易而减损。所以为了增加合法茶之贸易量，降低茶价，并防止茶税收入的减少，而且赋予英国东印度公司对欧陆诸国东印度公司的竞争能力，于是在1784年实施《减税法》（*Commutation Act*, 1784），将根据当时价格而制定的茶税由约119%大幅减至12.5%。

《减税法》大致规定英国东印度公司：

1. 进口的茶之数量必须足够供给国内之需要。
2. 在货栈中必须储存一年消费量之茶叶。
3. 一年公开标售四次——每次间隔相同时间。
4. 茶之售价不得超过原价、运费、进口税、保险费和合法利益之总和。
5. 不得因待价而沽有所囤积。

因此，就某种意义而言，如果东印度公

司不足以供给需要时，政府可以给予商人自欧陆进口茶叶的权利。并且，如果英国国内之茶价仍比欧洲大陆为高的话，则《减税法》只是保障了东印度公司的独占利润，却阻碍了英国经济之自由发展。

此后，中国茶的输出贸易中，英国东印度公司居于主导性的地位，在1785至1789年中，占所有中国全部输出茶之价额的88.8%，至1790年时，则高达90%，而茶价每磅从1783年的3先令10便士降至1787年的2先令10便士。并且英国东印度公司所经手的中国茶的输出值，在中国对英国的输出总值上，占有压倒性的重要地位。

英国市场对于中国茶的需求

为了自广州获取所需要的数量，英国东印度公司面临几个难题：第一，因为数量突增，而广东行商又垄断中国方面的茶贸易，故中国制茶者和茶庄无法及时供应广州茶市场，乃在装箱时采取投机的方法，将品质好的茶种放在箱之最上层与底部，中间部分则放品质低的茶叶，而以好茶的价格出售。第二，在茶贸易上，采购、检验、装船等都需要有具备这方面训练的负责人，但实际上公司管货人缺乏丰富的经验。第三，在公司标售时，价格常常不能与品质一致，次等茶往往因经纪人的形容而以高等茶的价格出售，并且伦敦的售价与广东的价格十分悬殊，例如上述的“混合茶”就时常遭受批评，甚至发生以“废物”（例如其他树叶）来代替茶的情形。为了防止此现象发生，公司吩咐当地之管货人尽量购买低劣茶种中之最高品级的茶（茶通常分为九至十一级），使中国商人没有必要去与优秀之茶种混合；反之，中国商人也不敢以低劣茶种中之低品级者混合最优秀之茶种，因为很容易露出马脚而减低售价。

为了解决这些难题，东印度公司的对策是：第一，发现混合茶时，以低级茶的价格来支付，以示公司的强烈抗议。第二，加强训练公司管货人，使之尽量与检验员合作。

茶叶运至英国后，东印度公司就公开标售，伦敦贸易商人尽可能获取所需要之茶叶，例如1784年不但432位商人就拥有263 119磅的茶，而且The London Bills of Mortality的存库有393 282磅；可是其他主要城市的2 609位商人的拥有总量仅仅92 438磅。并且伦敦的大茶商中43.33%能拥有500磅以上的存货，而约克郡中，57.44%的茶商只有50磅以下存货。另一方面，在公开标售时，伦敦的大茶商有权获得他们所需要之茶，这固然是由于其资本的雄厚，而且东印度公司也尽量给予方便；相形之下，公司对于地方商人则在手续、订金、交货等方面予以掣肘，这与东印度公司董事会中伦敦大茶商占有举足轻重之地位、从而能够左右公司之进展与决策有关。并且为了有效禁止走私贸易而制定的《减税法》，使伦敦商人成为全英国茶叶的主要供给者，换言之，根据法律之规定，他们可以拥有独占之权。

此外，伦敦商人、经纪人和城内其他大商人互相密切联系，能更有效地控制茶市场。他们贩卖茶给零售商或家庭，刊登广告或直接派遣代理人到国内各地去宣传，或组织交易连锁网，因此伦敦茶商的事业因商业网络的扩大而加速发展。另一方面，地方商人却彼此互相竞争以至于有所兴衰，他们在广告中宣称直接购自公司（而非经伦敦商人的中间剥削），故茶价比经由伦敦商人批发的便宜。此时苏格兰商人也由于走私贸易被禁止而只得直接自公司采购，但因为伦敦商人的优越地位，所以地方交易主要仍为伦敦商人所掌握。并且，由于东印度公司独占茶叶贸易，使英国国内的茶价仍比他国为高，违背了当初制定《减税法》的用意。

总之，在英国市场上，东印度公司并非

直接控制，而是由经纪人和少数茶商来决定其质与量，有影响力的商人多在伦敦，他们或直接销售，或派遣代理商，或在地方的主要中心点建立相关商店，以这些方式来扩展其营销网。虽然由于地方交易的不断增加，地方商人可以直接自东印度公司购买，但因为数量极少，他们仍无法脱离伦敦商人的控制，伦敦商人依然是唯一的茶供给者。所以苏格兰商人和其他地方的商人都知道，唯有废止公司的垄断和坚持自由贸易，他们才能与伦敦商人在竞争上居于公平的位置。因此，由于《减税法》建立了东印度公司的专利地位，而使伦敦商人得以垄断贸易，增加了茶之合法输入量，但它也使得港脚商人逐渐因扩大地方交易，而欲与伦敦商人相竞争，并且由于下文所述之对外贸易的因素，导致1834年东印度公司垄断特权被取消。

中国国内鸦片之流入与白银之流出

在中国方面，商业资本的英国东印度公

司，虽然因中国的贸易出超而有所损失，毛织物贸易之情况亦不佳，利润高达 40% 的对中国棉花之输入又被港脚商人所掌握，但公司的商业利润仍然增加，这是因为茶贸易的利润相当高（1775 至 1785 年平均为 31%，1785 至 1795 年为 31.6%），并且东印度公司又具有独占之特权，所以随着中国茶贸易额的增加，其商业利润之总额也提高了。

当时用来交易的是洋银（即 Spanish dollar 及 Silver bullion），1710 至 1759 年之间，英国东印度公司在东方贸易上，虽然输出商品价值 9 248 306 英镑，但也因进口（绝大部分是茶叶）输出银块、银货 26 833 614 英镑。而自 1710 至 1810 年的 100 年中，英国东印度公司自中国进口而售卖了 750 219 016 磅的茶叶（其中 116 470 675 磅是再输出的），价值 129 804 595 英镑。如果减去上述 1710 至 1759 年的部分，则 1760 至 1810 年的茶叶进口值超过 1 亿英镑。可见 1784 年开始实施《减税

图 14 英国东印度公司在印度的鸦片储藏库。

法》之后，随着中国茶输出之增加，大量的洋银流入中国。但自 1793 年以后，与中国输出品交换的并非英国产业资本的制品（因为棉工业制品并不受中国市场欢迎），而是印度的鸦片。鸦片本身并非生产性的消费物资，而可谓为毒药，其大量流入中国，中国必须以数量庞大的白银去购买。鸦片进口越来越多，乃至逐渐发生贸易逆差，于是白银开始外流。而当时中国国内所通用的制钱，自从 1770 年以后，便因为品质粗恶与铸钱增加而丧失信用，故钱价日贱。取而代之的是洋银，而洋银逆流至国外，引起空前的银价腾贵现象，导致通货混乱的情况，可以说不仅由于鸦片本身吸收了大量的白银，并且由于打击了当时业已败坏的中国通货制度，使之无法再有转机，故鸦片贸易严重地影响了中国的经济体制。再者，当时中国采取禁烟政策，鸦片系走私之物，其交易是在广州商业制度之外，并不在广州由行商进行，而是透过其他渠道，因此随着走私贸易的日渐猖獗，破坏了中国的公行贸易。

再进一步看当时鸦片和茶叶贸易所代表的意义。当时，在中国贸易上，鸦片的登场，具备着以“自由”的港脚商人为基本之构成要素，所形成的印度（棉花、鸦片）→中国（茶）→英国本国间的英国之亚洲贸易结构。而在英国东印度公司的政治支配与贸易独占之下，印度只不过是向中国输出鸦片、由英国输入棉织品的殖民地而已。因为从 19 世纪初期以来，英国棉织品开始大量流入印度，19世纪20年代以后彻底地破坏了印度传统的棉纺织业。就某种意义而言，到19世纪20年代，英国的亚洲贸易结构，已演变为英国输出棉织品到印度，印度输出棉花、鸦片到中国，中国再把茶叶和可成为资本的白银流入英国的亚洲三角贸易之经济循环体系。而为了增加印度农民对英国棉布的购买力，英国鼓励他们种植罂粟，再把鸦片出口到中国获利，所以印度在此经济体系中占据重要地位，也是英国棉业资本发展的要素，中国茶叶可谓为此三角贸易之所以形成的主角。

东印度公司独占特权之废止

从事鸦片走私的主要是港脚商人，不仅在广州交易，而且为了求得高价，驱船北上。例如怡和洋行（Jardine, Matheson & Co.）所属的精灵号（Sylph）船满载鸦片，1832年10月20日自广州出发，陆续停泊于浙江、江苏、山东沿岸，而于12月28日到达东北之盖州，并由此南下，于翌年四月返抵澳门。

但是，相对于港脚商人的活跃，英国东印度公司的管货人却完全与鸦片贸易无缘，港脚商人独力开拓走私贸易，不需要公司的积极保护，因此把后者视为无用之物。反之，对于东印度公司贸易而言，由于可以在广州出售汇票给港脚商人而获取资金，故亚洲间的贸易已成为东印度公司不可欠缺的支柱。而港脚商人虽在走私贸易方面可以“自由”行动，在其他方面却还受到公司的掣肘，因此对之不满，亟欲废止公司之独占特权。

另一方面，在国际上出现了英国东印度公司对中国贸易的挑战者，即倡导新自由贸易的美国商人。他们首先以现银来购买茶，并可以直接运茶出口，1820 年以后运送英国产业资本的棉织品来中国，不久即超过了东印度公司的棉织品之输入量，这情形使得英国新兴产业资本更加不满东印度公司。

图 15　英国东印度公司在澳门设立的商馆。

至于英国国内，在《减税法》施行后不久，发生伦敦商人与地方商人及苏格兰商人之间的竞争现象，后者一直致力于打破有悠久历史的伦敦商人之半垄断地位。例如爱丁堡的安德鲁·梅尔罗斯洋行（Andrew Melrose & Co.）以三只船和货栈起家，而成为忙碌的商品交易之中心，它达到了所企求之目标：降低价格（至少在茶叶这方面），增加利益，并建立了有益于未来扩展的稳定基础。1834年，其资本大约有16 500英镑，意欲促使官方废止东印度公司的垄断特权而能开放中国贸易，俾便参与贸易以得到利益。

在产业资本方面，1825年英国发生棉织品生产过剩的恐慌，资方因此降低工资，所以次年棉业劳工因太贫乏而发生暴动。此时棉业资本家所期待的并非是已过饱和的国内市场，而是企求更进一步开拓海外新市场。在此之前，1814年，英国棉业资本已获得废止东印度公司的印度贸易独占权之胜利，于是以具有时代性的请求为背景，焦切地要求中国市场之开放。因此在1833年的东印度公司特许状更新前夕，向下院积极地展开反对东印度公司的独占之运动。而由于1832年的第一次选举法改正，1833年改革议会（Reform Parliament）之成立，产业资本的代表和自由贸易论者在英国下院占有优势，他们于1833年6月13日通过了自翌年（1834年）始废止东印度公司独占中国贸易的提案。

东印度公司对中国贸易之独占权被废止后，英国商人纷纷到广州设立商行（从1833年的66家增至1837年的156家），他们在自由贸易情况下竞相输入棉织品，广州市场上供过于求，故价格下降；并且争购茶叶（例如在1834年之茶交易，比1833年增加40%），使中国茶的输出价格因此上升。

总之，英国东印度公司的中国贸易独占特权之所以被废止，不但是因为英国欲向中国倾销棉织品，同时由于当时活跃于东亚贸易上的港脚商人（例如怡和洋行）欲扩大对中国贸易而展开“自由贸易”运动，以期对抗日渐扩张的美国对中国贸易。另一方面，当时英国国内，由于伦敦商人垄断茶市场，使地方商人和苏格兰商人不能获得足够的茶，以供应地方日增的需求，他们乃企图直接从中国输入更多量的茶，也主张废止东印度公司独占之特权。因为这些缘故，最终导致结束由英国东印度公司所独占的中国贸易。但是在中国方面的情势并未改变，仍为广东公行所独占的贸易，这种独占相对于上述英国商人自由竞争的结果，只是徒然使鸦片的走私输入急剧增加，而对于合法贸易并无所裨益，更不能达到英国产业资本商人和港脚商人所谓“自由贸易”的初始目的，因此酝酿了改变中国现况的情势。

广东十三行的独占特权

1834 年，英国东印度公司的中国贸易独占特权被废止，而在中国方面，外国贸易却仍为广东十三行所独占。

广东洋行制度的产生，系因自 1685 年粤海关设立之后，广东对外贸易开始发生变化，不能不改变通商关系中的旧制度和建立新制度，故为了适应在新形势下对外贸易发展之

图 16　广东十三行。

客观需要，乃有专营广州对外贸易的洋行商人出现，因此在翌年创建广东的洋行制度。而于1720年洋行商人组织行会团体（即商人基尔特 Guild），谓之公行。1754年，清政府下令以后凡外船之船税、贡银、行商与通事之手续费、出口货税、朝廷搜罗之珍品（采办官用品物）等事，俱由行商一二人负责保证。而且重申非属行商团体成员，不得参与外国贸易，因

图 17　马戛尔尼。

此行商地位愈益坚固。1757 年，上谕专限广州一港贸易，公行的独占性更加绝对化了，正好相对于英国东印度公司的独占中国贸易。1792 至 1794 年间被派遣至中国的马戛尔尼（George

Macartney，1737—1806年）曾经表示：

> 这种贸易方式并非由个人，而是由（东印度）公司产生的，这与中国方面的观念一致，并且在双方通商事宜之安全与治安之维持上，这也是极为需要的，因此在中国方面设立了合同商人团体的公行组织——一种对中国政府与外国方面负共同责任的组织。

可见他肯定公行垄断中国之对外贸易。

至于公行操纵茶叶贸易的价格，从《闽产录异》卷一《货属》中可知：

> 昔年闽茶运粤，粤之十三行逐春收贮，次第出洋，以此诸番皆缺，茶价常贵。

因此为了降低茶价，英国人寻求直接出海之港口，而在鸦片战争以后，主张开放福州。

在这段时间，由于与英国茶叶之交易频繁，英国东印度公司和港脚商人都成为行商的债权人，这主要是因为他们以预先贷款制来控制中国茶叶之生产与交易的缘故。而在取消东印度公司之独占后，英国商人争购茶叶，使中国的茶中间商人联合提高价格，这些茶商本来是贩卖茶叶给公行以转售英国商人的，并且他们也得到公行的预先贷款，但在1836年以后，中间茶商向公行要求更多的贷款，否则拒绝运茶。他们力量庞大，使公行无法如期交付茶叶给英国商人（虽已事先拿到贷款），因此一些英国商行（如怡和洋行）想要去除软弱的行商，而直接与中间茶商交易，如此，固然可以确保供给英国的茶叶，却使行商更为窘困。在1834年英国东印度公司特许状满期以前，港脚商人已经可以忽视公司的存在，而独自努力于对中国贸易的革新。他们蔑视中国政府之法规，欲使走私贸易变成合法的自由贸易；再者，对于他们而言，独占对外贸易特权的公行，在经济上欠缺通商扩大的适应能力，在政治上成为与清政府直接交涉的障碍，他们以为东印度公司的独占特权之废止，“大概可以促成天朝（Celestial Empire）长久以来所包庇的（公行）专制权利之废止”。换言之，“自由贸易”的逻辑要求公行之废止，以收获“自由贸易”之果实。

图 18　清末的鸦片烟馆。　由于英国大量输入鸦片，造成中国境内吸食者众，轻则使个人精神萎靡、意志消沉，重则使得白银外流，严重影响国计民生。

英国产业资本家与鸦片走私贸易

另一方面，英国产业资本家为了输出工业产品到中国的广大市场，使他们不可能忽视茶贸易。由于茶之输入，对他们而言，并非单纯只是为了满足其生活上之嗜好而已，而是由于必须贩卖其本国之产业制品的至上命令，所造成的当为之举。因此非打破中国行商独占外国贸易的局面不可，于是“自由贸易”论者主张派遣巡洋舰到中国沿岸以威吓中国人，甚至主张封锁广州港乃至于中国全海岸线，并且占领大运河以中断中国之南北交通，或攻占黄河沿岸，最终目的是到北京城下缔结“实质的通商条约”。

此外，由港脚商人所极力开拓的鸦片走私贸易，在使英国产业资本能够遂行经济循环的亚洲贸易构造中，已经扎根成为必要之因素。这就是说，对于英国产业资本的开拓亚洲市场而言，它已成了不可缺少之商品，所以，被林则徐下令没收、废弃的鸦片，可以说是已经和英国近代产业的资产阶级，及其国民、国家的利害有直接之关系。

相对地，中国方面亦深知英国之本意，《道光朝筹办夷务始末》卷二道光十八年（1838年）鸿胪寺黄爵滋（1793—1853年）奏：

黃爵滋
奏
鴻臚寺卿臣黃爵滋跪
奏為請嚴塞漏卮以培
國本事臣惟
皇上宵衣旰食所以為天下萬世計者至勤且切而
國用未充民生罕裕情勢積漸一歲非一歲之比其
故何哉考諸
純廟之世帑藏之富幾何
進奉之費幾何修造之用又幾何而上下充盈號稱極富至
嘉慶以來猶徵豐裕士大夫之家以及巨商大賈奢
靡成習較之目前不啻霄壤豈愈奢則愈豐
愈儉則愈嗇耶臣竊見近來銀價遞增每銀一
兩易制錢一千六百有零非耗銀於內地實漏
銀於外夷也蓋自鴉片流入中國我
仁宗睿皇帝知其必有害也故誥誡諄諄例有明禁然當時
臣工亦不料其流毒至於此極使早知其若此必有
嚴刑重法遏於將萌查例載凡夷船到廣必先
取具洋商保結保其必無夾帶鴉片然後准其
入口爾時雖有保結視為具文夾帶斷不能免
故道光三年以前每歲漏銀數百萬兩其初
不過紈褲子弟習為浮靡尚知斂戢嗣後上
自官府縉紳下至工商優隸以及婦女僧尼道
士隨在吸食置買煙具為市日中
盛京等處為我
朝根本重地近亦漸染成風外洋來煙漸多另有

躉船載煙不進虎門海口停泊零丁洋中之老
萬山大嶼山等處粵省奸商勾通巡海兵弁用扒
龍快蟹等船運銀出洋運煙入口故自道光三
年至十一年歲漏銀一千七八百萬兩自十一年至
十四年歲漏銀二千餘萬兩自十四年至今漸漏
至三千萬兩之多此外福建浙江山東天津各
海口合之亦數千萬兩以中國有用之財填海外
無窮之壑易此害人之物漸成病國之憂日復一
日年復一年臣不知伊于胡底各省州縣地丁錢
糧徵錢為多及辦奏銷皆以錢易銀折耗太苦
故前此多有盈餘今則無不賠墊各省鹽商
賣鹽俱係錢文交課盡歸銀兩昔之爭為利藪
今則視為畏途若再三數年間銀價愈貴奏
銷如何能辦稅課如何能清設有不測之用又
如何能支臣每念及此輾轉不寐今天下皆知漏
卮在鴉片所以塞之之法亦紛紛講求或謂嚴查
海口杜其出入之路固也無如稽查員弁未
必盡皆公正每歲既有數千餘萬之交易分
潤毫釐亦不下數百萬兩利之所在誰肯認真
查辦偶有所獲已屬寥寥況沿海萬餘里隨在
皆可出入此不能塞漏卮者一也或曰禁止通商拔
其貽害之本似也不知洋夷載入呢羽鐘表與所
載出茶葉大黃湖絲通計交易不足千萬兩其
中沾潤利息不過數百萬兩尚係以貨易貨較
之鴉片之利不敵數十分之一故夷人之著意不
在彼而在此今雖割棄粵海關稅不准通商而
煙船本不進口停泊大洋居為奇貨內地食煙
之人刻不可緩自有奸人搬運故難防者不
在夷商而在奸民此不能塞漏卮者二也或
曰查拏興販嚴治煙館雖不能清其源亦

图19　黄爵滋上疏道光皇帝的奏折。

……不知洋夷载入呢羽钟表，与所载出茶叶、大黄、湖丝，通计交易不足千万两。其中沾润利息，不过数百万两，尚系以货易货，较之鸦片之利，不敌数十分之一，故夷人之著意，不在彼而在此。……

但是，战争以后所缔结的《南京条约》中，并没有规定鸦片贸易——战争的直接原因——之项。翌年（1843 年）的《五口通商章程》及

图 20　鸦片战争想象图。

《虎门条约》中，则强制中国实行领事裁判权、片面最惠国待遇等非常不平等的条约关系。

降低茶价与开放福州为通商口岸的要求

战后，很明显地，茶叶输出量大增，1842年为40 742 128磅，1844年则激增至53 147 078磅，1846年为56 503 000磅。价格方面却降低了，1839年为2先令3便士至2先令8便士，1842年为1先令1便士至2先令3便士，1844年则续降为10便士至2先令4便士，1846年又降至8.5便士至2先令1便士。由此可知，由于战后广东公行贸易独占之废止，自由贸易的结果使茶之输出量激增，在英国之茶价则降低。

降低茶价（中国市场和英国本国市场之内）一直是英国所追求的目标之一，他们"寻找能买到最便宜之茶而又能获得利润之港口"，甚至早在1830年，英国东印度公司已欲开辟福州为通商口岸，因为武夷山的茶顺闽江而下，直达福州，相较于利用内河，穿过江西南部，再仰仗苦力之搬运，攀越梅岭（即大庾岭）辗转到广州的费用，每百斤便宜3两5钱。当时的财政部长马丁（R. Martin）也主张开辟新港埠以符合英国的需要：

> 在广州的欧洲商人之间的竞争，以及，贩卖棉织品和其他制品的必要——以此物物交换来获取茶——已导致那商品（茶）保持高昂之价。但是，在接近茶产区之港口的开港将会大大地减低原价这件事被期待着，总领事艾科克（Alcock）在福州曾对我说过，他确定可以自那港口（福州）以比广州价格便宜20%之价运出茶。这福建省省会的商业展望将因其特点而被发现。

同时，福州领事哥登（Gorden）亦表示，为了降低茶叶的价格，并且为了替茶之栽培者寻求比广州更好的市场，他建议解决一切运输上的困难与危险，而将武夷山之茶直接运至福州。

中国方面，在与英国交涉之时，两广总督琦善（约 1790—1854 年）于道光二十年十二月（1841 年 1 月）上奏：

> 奴才拟请于广州之外，再就福建之厦门、福州两处，准令通商。

后来琦善被革职，耆英（1790—1858 年）、伊里布（1772—1843 年）代之，与英国谈判，他们先后表示英国之要求开放福州主要是由于购买茶叶方便的缘故，伊里布在 1842 年 8 月（道光二十二年七月）上奏曰：

> 至福州贸易一节，侍卫咸龄等前与会议时，已曾以既有厦门，无庸兼及福州，向其争辩。据马礼逊等声称厦门相距福州，尚有数百里，虽海路可通，伊

等贩买茶叶，以福州为最便，务求准予通商等语。

又，耆英也在1842年9月上奏曰：

至福州乃武彝（夷）茶聚集之所，又设有海关，贩货纳税，系属最便。且其地旧有琉球馆，渠等事同一例，是以吁请施恩，今蒙大皇帝驳饬不准，仍格外加恩，谕以他处相易。惟天津密迩京都，渠等不敢妄有请求。此外滨海之区，贩茶最便，无过福州，且系中国极南之地，与广州情形相等，仍求大皇帝恩准赏给等语。……再查武彝（夷）茶产自建宁、聚于福州，行于西洋诸国为最远，该夷因贩茶求往福州贸易，尚属实情。

由此可知，福州之所以开放通商是因为其地接近武夷产茶地区，英商人欲直接自此贩运茶叶出海，以减少费用，从而降低茶价的缘故，但是后来直至1853年之前，福州贸易寂寥，商船不多，且皆为鸦片之走私输入，运输茶叶出口仍循旧路至广州，或另辟新径到上海，这是当初英人坚持要求开放福州为通商口岸时所料想不及的。

中国茶叶的国际贸易与生产

根据 1842 年的《南京条约》，福州成为合法的贸易港，但因民情激昂，直至 1844 年始正式开放通商，此后九年间贸易萧条。英美资本大多集中于上海，洋商对福州不屑一顾。其后太平军阻碍了福建茶运往上海之路线，上海的茶叶不敷外国所需，因此洋商乃另辟新路径，利用福州以输出武夷茶区的福建茶。

远在开港之前，武夷茶即驰名于英国一般家庭，英国输入茶中以武夷的大茶（Bohea）、工夫茶（Congou）等品种为最多。福州成为茶贸易港之后，输出量与年俱增，因此影响了生产结构，尤其是茶栈代替往昔的十三行而兴，且性质较后者复杂，大抵为买办所经营，并自设手工制茶工厂。再者，洋行亦借着“内地收购”（up-country purchase）方式而控制了生产过程。1869 年苏伊士运河开通，1871 年欧洲与上海之间敷设海底电线之后，更缩短了东西洋之间时间与空间的距离，也加深了英美资本对于近代中国经济的影响力，福州的茶贸易即为其中之一现象。

Between Kantara and El-Ferdane—The First Vessels through the Canal.

图 21　刚通航不久的苏伊士运河。1869 年苏伊士运河开通后，大幅缩短了东西方之间的距离。

茶贸易之兴盛

福州商务的否极泰来是在1853年。因其时太平军兴起，“粤贼扰两楚，金陵道梗，崇安茶商停贩”，无法运茶到广州或上海，故美国旗昌洋行（Russell & Co.），派遣中国买办携带巨资到距福州250英里的武夷茶区采购茶叶，并将之装船，顺闽江而下，直达福州，获得空前的成功。因此其他洋行起而效法，福州开始成为茶贸易的中心，茶贸易稳定而迅速地增加，且运输茶的快速船（tea clipper）亦以此为起点，展开横渡印度洋的航行竞争。

福州之所以成为活络的茶贸易港，是因为茶叶在此地比其他贸易港，能较早准备妥当以便装运，而武夷的工夫茶在英国最受欢迎，且自武夷茶区至福州的费用比福建运茶到上海的费用为少。据摩士（H. B. Morse）表示，甚至在1858年《天津条约》开放长江沿岸以后，安徽南部的绿茶仍由福州输出（从福州输出的茶包括安徽、江西和福建）。在

1853至1854年中，输往英国的有5 955 000磅，往美国的为1 355 000磅；1854至1855年则剧增为：往英国的是20 490 000磅，往美国的有5 500 000磅。到1857年时，福州输出的茶高达31 882 800磅，占全国总输出量的34.5%（其中6 000 000磅输向美国，英国的进口量为美国的3.5倍）。至1863年时，在全国总输出量的170 757 300磅中，福州输出了52 316 784磅（占30.6%）。由于英美船只在运输茶上的竞争，使福州成为活络的茶贸易港。而各洋行的竞买，使茶叶的生产获利多，因此茶山日辟；米之收获减少，米粮不足，导致1858年竟从福州进口大量的米，此后米也成为福州的输入品之一。至于鸦片走私，依然如昔，因此稍可平衡茶的输出总额，但福州并无苦力船停泊。

茶产地至通商港的路径

福建红茶种类虽多，但世界驰名的武夷红茶，主要产于崇安县（今福建省武夷山市）

之武夷山麓，集散于此山麓的星村和距外城不远的赤石街。每当茶季时，本地茶庄或福州茶栈所派来的茶商，在此设立临时采买所，收购毛茶（即茶的初级制品），加以拣别，再烘焙、调和和包装后，运至各通商港口。星村原为一寒村，因为茶叶的关系而拥有大茶庄及制茶手工工厂，乃至于进行大规模的交易。在《支那省别全志》第十四卷《福建省》中，所列举的星村之主要茶庄有永丰福、福茂新、同泰荣、华记和炳记等，年产量多者至 1500 箱，平均 500 至 800 箱。制茶工人有 700 至 800 人；而赤石街的茶庄中，最大的是美盛、文园、协盛和森泰等，年产量多者约 4000 箱。

这些包装妥当的茶运送至贸易港口的路径，约有以下三种：

1. 1853 年以前大都运往广州，尤其是广东十三行时代，广州为唯一的合法贸易港口，故偶或有运往福州者，也由于行商欲独占外国贸易而被禁止。

在星村，将包装好的茶置于木筏上（载12箱），运送至崇安，再借苦力搬运，攀越福建与江西界的武夷山而抵江西铅山（今江西省铅山县）。其山道宽约6尺，上铺小方块之花岗岩，苦力每次担运一两箱，平均约需8日才能到达目的地。从铅山装载在小船上（载22箱）运至河口（今江西省铅山县河口镇），自河口换载重量约200箱的船顺上饶江（又名信江）而下，出鄱阳湖，再溯赣江而上，经十八滩之湍急地带而到达赣州。在赣州以载重量约60箱的船运送至南安（今江西省大余县），然后由苦力扛负之，穿过梅岭抵达南雄，又用船载到韶州（约为今广东省韶关市），再换大船（载重量约500至600箱）顺北江而下，经过珠江到达广州，其间，赣州和韶州有常关征收通过税。星村和广东之间，距离2885里（又有说750英里或800英

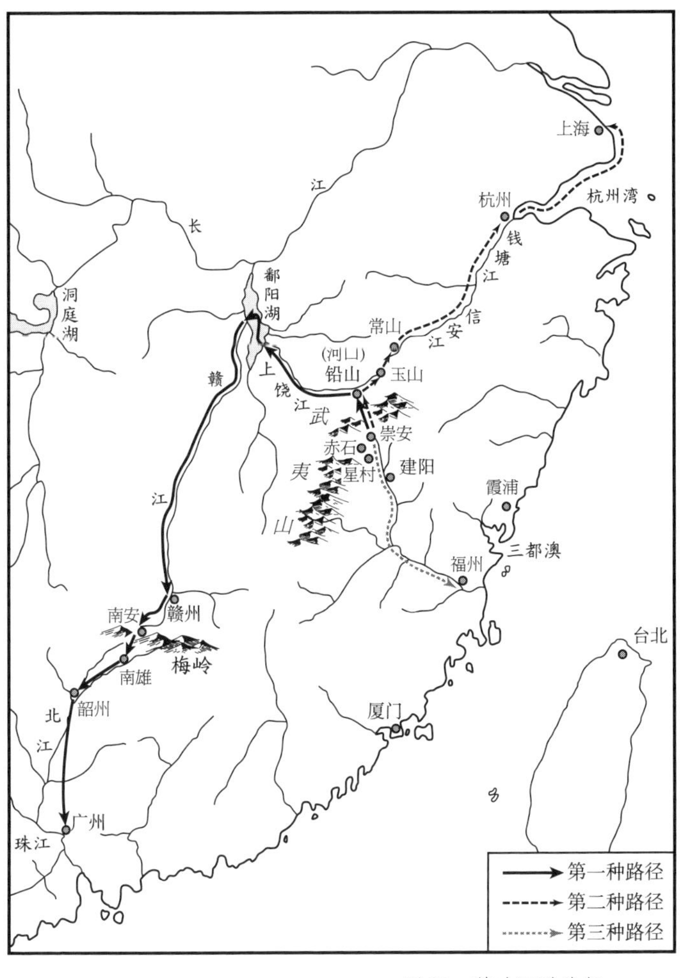
上海
杭州湾
杭州
钱
塘
江
江
长
鄱
阳
湖
洞
庭
湖
常山
信
安
江
(河口)
铅山
玉山
上
饶
江
赣
武
崇安
赤石
星村
建阳
夷
山
江
霞浦
三都澳
福州
南安
赣州
梅岭
南雄
韶州
北
江
厦门
台北
广州
珠江
第一种路径
第二种路径
第三种路径

图 22　茶叶运送路径。

里），通常需时 50 至 60 日，其费用则百斤为 3 两 6 钱 5 分；此外，赣州和韶州之常关税和广州海关之贿赂为 2 钱 7 分，故自星村运送茶至广州总共百斤需要 3 两 9 钱 2 分。

此一路线在缔结《南京条约》《五口通商章程》之后，即渐渐丧失其利用价值，这与广州的衰退和上海的兴起有关。当时约数十万苦力唯恐失业，乃吁请仍使货物通过此道，可见当时此一输送要道之繁荣与赖此维生的劳动阶级之众多。

2. 五口通商（1842—1844 年）之后，武夷红茶逐渐被运往上海以便输出，从河口向东北行，经水路至玉山（江西省境内），再由苦力搬运至常山（浙江省境内，位于钱塘江上游信安江上），顺钱塘江而下至杭州湾，经杭州到上海，福建茶由此道输向西欧，或再北运至东北和俄国市场，从崇安至上海约 1860 里，费时 24 日，每箱费用为 1740 文。

河口为一红茶贸易中心，商人聚集于此，购买茶叶然后送到通商口岸，故此城之旅馆、茶栈林立，例如著名的买办徐润（1838—1911年）就曾“合股继开福德、泉永、茂合、祥记于河口、宁州各处”。此地并有客船与茶船之来往，或东北经玉山至上海，或西往鄱阳湖和广州，实为当时一内地茶市镇。

在武夷山区的北坡，有不少新成立的茶庄，也有新开垦的茶园。这些茶庄的经营者以本地和广东人为多，他们从所有的小镇、乡村和庙宇分别购买少量的毛茶，将之再制、调和后，包装成箱，然后负责搬运至通商口岸。因为福建和上海间的运送路线开辟，使崇安越加繁荣，《王靖毅公年谱》中描述此情景云：

> 崇安为产茶之区，又为聚茶之所，商贾辐辏，常数万人。自粤逆窜扰两楚，金陵道梗，商贩不行，佣工失业。

由于太平军的阻碍，不论福建至广州或至上海的道路均不通，因此外国资本在这两处海港得不到足够的茶叶之供应，故另谋新途，乃有旗昌洋行自崇安运茶至福州的“创举”。

3. 自星村以载重量 50 箱的船运输茶至武夷河口（需 1 日之行程），再经由 4 至 8 日到达福州，所需费用每担仅 4 钱 3 分，较第一路线少 3 两 4 钱 9 分。故早在 19 世纪初期，英国东印度公司已注意及此，因为自福州可换乘戎克船（junk，即中式帆船）费时 14 到 15 日抵达当时唯一合法贸易港的广州。所以在 1811 至 1812 年，努力开拓这条新路线，1813 年以后由此路线运往广州的茶激增，1813 年有 760 000 余斤，1816 年增为 6 720 000 多斤，这似乎助长了茶的不法输出，并侵犯了行商的外国贸易独占权，因此行商乃呈请两广总督奏准，自 1817 年起禁止由福州运茶到广州。这是因为中国政府认为茶叶是外国人（特别是英国人）的生活必需品，万一缺乏的话，或许会造成不便乃至恐慌，因此欲借此以控制外国人，如果由海道运往广州，则“洋面辽阔，漫无稽查，恐有违禁夹带”；再者，倘若禁止经由新路线，则可以确保内地常关税的收入，并且能提供工作机会给输送路线上的苦力。

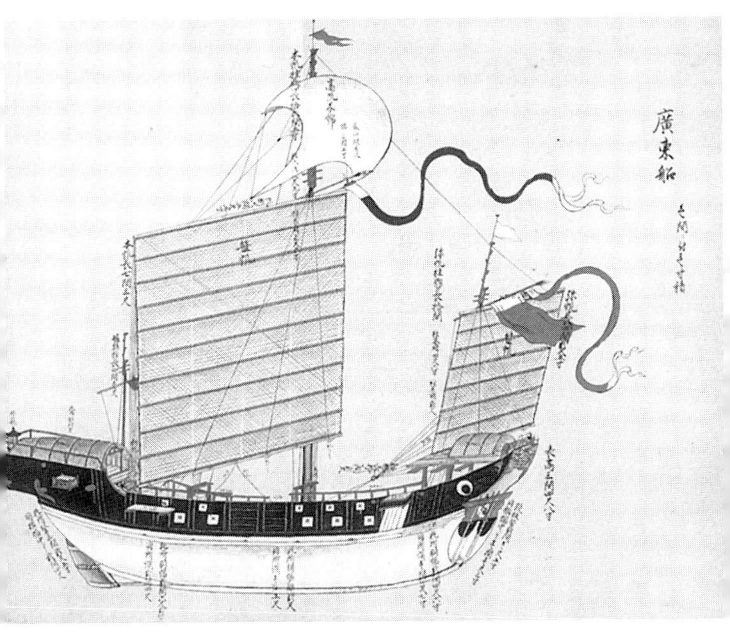

图 23　戎克船。

鸦片战争以后，为了降低茶价，英国乃力争福州之开港。但开港之后，福州仍然寥落，茶叶被运往上海或循旧径穿越梅岭到广州，直至太平军阻碍了陆上运输后，两湖茶之来源减少，不敷外国之需，于是美国旗昌洋行乃在 1853 至 1854 年，尝试从武夷茶区顺闽江而下，直达福州，且因福州输出茶叶之举，获得成功，故其他洋行纷起效法，从通商口岸购茶竞争发展到“内地收购”投资，使福州从 19 世纪 50 年代晚期起成为活络的茶叶贸易港，其繁荣直至 19 世纪 70 年代晚期。

至于福建省其他地方的茶，例如福宁府霞浦县（今福建省霞浦县）的出口茶，本来由陆路经盐田（今福建省霞浦县盐田镇）搬运到福州。三都澳开港之后，先集中于三都澳，再利用小轮船输送至福州。而当地有所谓包船制度之存在，个人不得与船夫直接进行交涉，举凡雇佣苦力搬运、货物之运费等，有关输送船的一切事宜，概由所包用之船商负责。此外，福建之茶亦有由厦门输出者，如龙岩州之茶。1869年以后，台湾茶亦开始输出美国。

运茶路线上舟车川流不息，造成内地的繁荣，“自开海禁以来，闽茶之利，较从前不啻倍蓰，盖自上游运省，由海贩往各处，一水可通，节省运费税银不少，是以商利愈

图24　台北茶叶制造加工的情形。　1869年后，台湾茶外销美国，颇受好评，茶叶成为台湾最重要的出口商品。

厚。”反之，运往上海和广州者在1853年以后逐渐减少，因此位于要道上的河口也衰落了。而武夷茶区的建阳县（今福建省南平市建阳区），因为“海禁大开，茶业兴旺，江浙侨民辏集者多”，故自1861至1879年，人口增加近3倍，而1912年时，又因茶业日衰，侨民日绌，造成人口减少。

因此可知，茶业虽为农家副业，但由于外国资本侵入中国以后，将中国置于其经济支配之下，他们对于茶业生产乃至于流通过程的投资（如后将述），使内地市场和贸易港活络与繁荣；但由于过分依赖，所以当此商品不再被需要时，亦即外国资本开始转移到其他地方时，赖其投资以繁盛的内地城市与贸易港也因此衰落。

茶叶的海上运输

在广东十三行时代，广州的茶贸易季节为十月到翌年三月，船只大抵在十月乘西南季风而入港，第一船在乍起的东北季风中驶回本国。而八月至十一月中，茶庄依据契约将茶运给行商，行商在其拣选处从事最后的包装工作，于十一月至一月中转送给东印度公司，故此茶成为入港贸易船归航时的货物，称为契约茶（Contract Tea），而在七八月时早已入港的船，所运载回本国的是前年度茶季残留之茶，称为冬季茶（Winter Tea）。

福州成为茶贸易中心后，运输茶的船只也以此为起点，展开横渡印度洋的大竞航。

1. 运费的变化

当时，英国伦敦和利物浦为世界茶叶的市场，故茶大多数被运往这两处，而英、美两国在茶运轮船方面的竞争，刺激了福州成为活络的茶贸易港，例如 1859 年上半期，有 19 艘船自此运载茶至英国（15 281 050 磅），其中 12 艘为英国籍、4 艘为美国籍。这些船只在速度上互相竞争，因为如能最先抵达英国，则商人即可稳得高价，故在中国的洋商都尽早购买茶叶装运。19 世纪 50 年代，约于 6 月 10 日最先在福州装船（上海或广州迟五六周，因此福州茶业能兴盛），到了 19 世纪 60 年代，则有些船可以提早于 5 月底驶离福州。

因为竞争使运载量增加，福建茶之品质又无法维持一定的标准，而最先运输抵达伦敦的茶价最高，因此运输船的利益亦最大，故运输船之间彼此首先协调茶的价格（例如 1867 年，在福州每百斤为 34 两），再决定首次出航船只的运费。在英国东印度公司时代，因为英国东印度公司和广东公行垄断了贸易，故运费大致一定，平均为每吨位（50 立方英尺）5 镑，最低时为 3 镑，最高则达 12 镑。19 世纪 50 年代以后，因为各大洋行各自拥有运输船，他们为争取主导本国茶市场之权，乃尽可能先买到茶叶而运回本国，所以运费不一定（例如最先出发的东方号 Oriental 之运费为每吨 2 镑 10 先令，较他船为高），后来因为速度与航程之竞争，冒险性增大，故运费亦提高。19 世纪 60 年代以后，大抵为每吨 3 镑 10 先令至 5 镑 10 先令。1869 年苏伊士运河开通以后，轮船可以来往东西洋从事运茶，于是轮船乃逐渐取代快速船，1871 年时，福州停泊了不少轮船，快速船亦自知无法匹敌，主要有三个原因。

图 25　19 世纪茶叶运输做出贡献的快速船。此图为安东尼奥·雅各布森（Antonio Jacobsen，1850—1921 年）绘于 1896 年。

第一，快速船非减低运费不可，否则逐渐不被使用，其时运费为每吨2镑10先令至3镑，而运费减低可能不敷成本。另一方面，轮船之运费虽较高（在1875年，航行福州伦敦之间者为每吨3镑10先令至4镑10先令），但速度较快且较安全。

第二，保险公司（洋行的相关企业之一）对于经由苏伊士运河载茶之轮船所收的保险费，比经由非洲南端好望角的快速船所收保险费为低；前者之保险费，汉口为每吨3镑，上海和福州每吨为2镑10先令，至于后者，汉口每吨为5镑，上海和福州则每吨为3镑10先令。

第三，轮船虽然需在港口等候良久才能满载茶而离去，且有时并不一定装满；但因为海路缩短、速度快，故一年可载运两次。

因此19世纪70年代以后，便很少制造

快速船，并且有的快速船不再驶往英国而转向美国（费时不需百日）。

2. 外国资本之经营

除了运费和保险费之外，船公司还须负担船舶吨税（tonnage dues in port）和曳船费（towage rates），1864年，975吨的约翰·坦珀利号（John Temperley），停泊于福州之吨税为160镑，而闽江之曳船费，每吨为2先令2便士，再加上其他杂费，故千吨位的船大约需花费620至710镑。

因为所需资本极大，故经营者皆为外国资本的大洋行，例如怡和洋行、仁记洋行（Gibb Livingston & Co.）、新沙逊洋行（Sasson & Co.）和太平洋行（Gilman & Co.）等。这些洋行当初从事鸦片走私和茶贸易等而获得高额的资本累积，一度沦为专为本国产业家服务的掮客，商业利润的范围缩小，因此乃谋求对策以确保在中国市场的优越地位。另一方面，为了开拓在中国经济活动的新面向，必须以更强大的资本力来创设新企业，亦即新设保险、海运、仓库与码头等独立企业（以前仅为辅助商业部门）。自 1862 至 1881 年的 20 年间，在上海出现了 7 家专营江海各线的外资轮船公司：旗昌轮船公司（Shanghai Steam Navigation Co., 1862 年创办）、公正轮船公司（Union Steam Navigation Co., 1867 年创办）、北清轮船公司（North-China Steamer Co., 1868 年创办）、中国航业公司（太古轮船公司, China Navigation Co., 1872 年创办）、华海轮船公司（China Coast Steam Navigation Co., 1873 年创办）、扬子轮船公司（Yangtze Steamer Navigation Co., 1879 年创办）、印中航业公司（怡和轮船公司, Indo-China Steam Navigation Co., 1881 年创办）。

自从 1858 年中英《天津条约》开放长江内河航行权之后，外国资本从外洋到中国沿岸，从沿岸到长江内河，建立了一套完整的运输路线，湖南之茶叶，集中于汉口，利用外国商船运输，可达上海，由此向北经由天津输往俄国，或向南经中国沿海输向西欧（例如琼记公司的火箭号，大部分货物为茶叶，由汉口运往上海，以便输出）。由于汉

图 26　轮船招商局上海总办事处。为与外国势力竞争海上运输业，中国以“官督商办”的方式经营招商局相抗衡。

口与上海之间航行的利益极大，每吨所收运费高达40多两，“所收水脚（运费）即敷成本”，故英美资本于1874年之前，在此展开激烈的竞争。

再者，海上之运输业亦操纵于外国势力，中国“官督商办”的招商局自从1872年创办以来，曾经数度试图开辟远洋航线，在1873至1881年间先后驶往长崎、神户、新加坡、檀香山、旧金山、海防和伦敦等处。但是“东洋、吕宋定章多有偏护各该国之商船，而局船争衡匪易；其新加坡、槟榔屿等处乃欧洲各船来华大路，力难与抗，遂俱中止。”（1880年）美国旧金山和檀香山等处的航行，则“因洋船竭力抗拒，乃于本年（1881年）停行。”至于英国伦敦的航行，“因洋商颇存妒心，遂至无利。”（1882年）故1882年时，远洋航线仅存海防一处，而这最后一条海外运输路线，在1883年时，因“值法越多事……不敢造次放船”，也宣告停航。因此中国茶商

（包括买办）无法直接将茶叶运送到西方市场，以求销路，动辄须倚赖洋商，既无囤积居奇之权，又不能抵制国外市场之抑勒，只得受外国资本的支配了。

3. 海上运输路线的变化及其影响

在外洋上，因为越早抵达伦敦的茶业，越能获得高价，并且最先抵达者，每吨予以奖金1镑，故自19世纪50年代后半期，茶运输船（主要为快速船）以福州为起点，互相在横渡印度洋的航线上寻找最短捷之水程。最激烈者为1866年之竞载，参加者有11艘船，由福州出发，费时99日至101日抵达英国，而通常需要120日左右。

大竞载时，茶运输船之航线大抵自福州出发，经过交趾支那沿岸（Cochin China Coast）、婆罗洲沿岸（Borneo Coast）、阿比海道（Api Passage）、加斯帕海峡（Gaspar

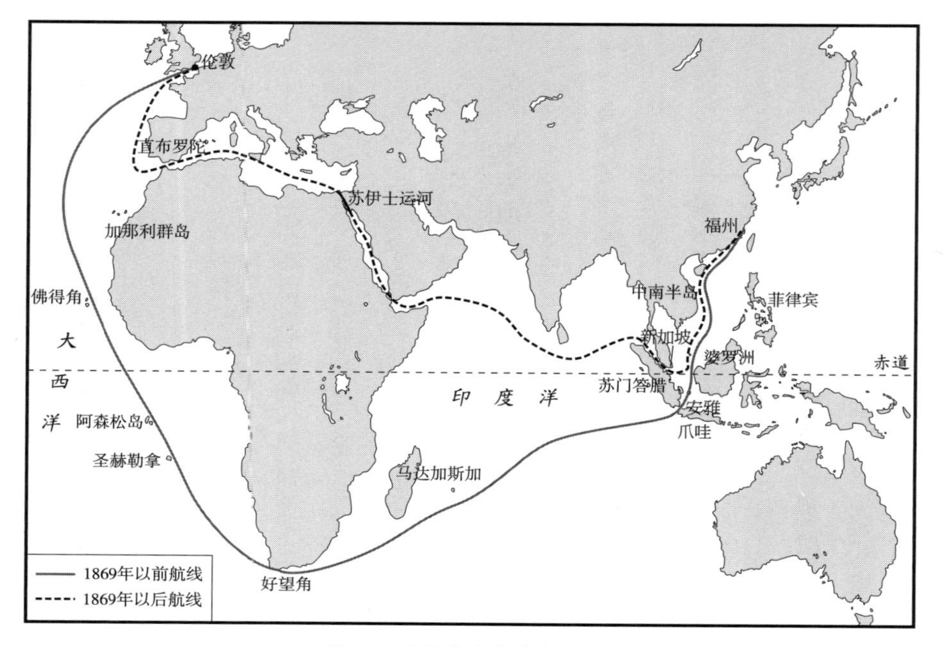

图 27　中国茶叶的海上运输。

Strait)、安雅（Anyer）而横渡印度洋抵达好望角（需时约44至54日），再航行10至14日到达圣赫勒拿（St. Helena），然后经阿森松岛（Ascension Island）（约3至4日）、跨过赤道（约3至4日），抵达圣安东尼（San Antonio）佛得角（Cape Verde）（约7至9日），再以1日的时间经过弗洛勒斯（Flores），又航行13至17日而经过西部群岛（Western Isles），再继续前进6日到达英吉利海峡（English Channel），然后经过圣凯瑟琳岛（St. Catherines Island）到达伦敦码头（London Docks）。福州与安雅的距离为2800英里，而福州距伦敦有14 000英里。因为距离远、危险多，故最佳之法是避免在西南季风中驶离福州，第一班从福州出发的船是在强烈的西南季风吹来之前，东北季风则有利于茶运输船航向英国，因此19世纪50至60年代的快速船大多在此时满载茶叶而启帆。

1869年苏伊士运河开通，改变了上述航

线。船只无须再远绕好望角而缩短了海路。以前最速者犹需时 99 日，大致为 110 至 120 日。19 世纪 70 年代以后，则仅需 55 至 60 日，并且危险减少。此外，大型轮船的使用亦逐渐增加；在 1869 年时，有 3 艘轮船在福州装载茶 4 681 344 磅直驶欧洲，1870 年增至 6 艘，1871 年则为 15 艘，而 1872 年剧增为 34 艘，共载运 32 566 779 磅茶叶。

使用快速船时，因为需时良久，所以外商都急于购买新季的茶，以期最先到达伦敦而能获取高利；但自从轮船的航驶和苏伊士运河开通以后，“最先到达”不再为重点。在快速船时代，由于运输上无限制的竞争，故有时必须以高价收购茶，而伦敦市场则因一时存货过多，商人只得削价出售，得利的是中国茶商与制造者，他们得到了往昔所梦想不到的高价；而欧洲顾客也能享有廉价茶之供应。因此当时茶价是依据上海、福州与汉口之供给量而定；海路缩短以后，则因为轮船一年可往返两次，伦敦可以随时增添新茶，故茶价决定于伦敦市场上存货之多寡与欧洲之需求量。

1871年6月，上海、香港与欧洲的海底电线敷设，使得在中国的外国商社更能发挥其作用，因为自拥船只，故可以在接到伦敦的订单后，立即购买茶叶装船，以至于影响茶价之

图28　19世纪末外国资本开始在中国设立银行。

涨落。而伦敦方面亦能确定买货、装运以及抵达之时日。所以，外国资本的洋行，由于海路的缩短和海底电线的敷设等交通上之革命，又因其投资运输业，而能更进一步控制所有贸易过程，使茶叶的栽培者与顾客间彼此隔绝。

19世纪60年代中期以后，银行的设立使茶贸易在金融方面得以顺利进展，19世纪70年代以后，兼营金融业务的洋行，有退出金融活动领域者（如旗昌洋行在19世纪60年代已放弃原来的汇兑业务）；有转为银行之股东者（例如汇丰银行的股东大部分是洋行老板）；而上述交通上的变化，缩短了贸易周转的时间，使贸易上的金融周转，出现相当的变化，并且茶的输出价格之控制权也发生变化。如前文所述，在生产市场和消费市场距离遥远而交通方式又比较原始的条件之下，市场上价格的季节变动，基本上由中国市场的供需状况来决定；又由于商人的激烈竞争，使大量的茶叶几乎同时到达英国；因此茶叶的出口价格，尤其是接近产茶区的福州市场价格，很少受到伦敦市场供需状况的影响。19 世纪 70 年代以后，由于中西航程缩短和电报通讯的建立，英国“商人发出一个电报便能在 6 个星期以后，收到他所需要的任何订货。”换言之，伦敦商人不必掌握大量存货，而在有所需要时又很容易增加实际拥有的存货，故中国方面的因素，逐渐失去其作用；并且增强了外国商人在控制中国出口市场方面的地位，从而给外国银行对中国金融市场的控制提供了有利条件，这是由于 19 世纪 60 年代后期已开始外国银行和中国茶商之间的贷款关系之故。

总之，19 世纪 70 年代以前，福州茶的海上运输是依赖快速船，因而茶贸易基本上掌握在以大洋行为主体，以自存自销为主要方式的“王侯商人”（prince merchant）手中。19 世纪 70 年代以后，轮船公司代替帆船而成为独立的企业；另一方面，银行逐渐取代了大洋行在押汇货款和票据贴现方面的作用，控制了中国的金融市场；再加上交通革命，使得茶叶的输出价格，受伦敦市场供需状况的影响，逐渐脱离了中国的控制。造成这种现象的主因之一，是由于中国（以福建为主）茶在国际市场的地位相对下降，有如后文将述，因为一向支配中国茶贸易的英国商人，成功地在印度、锡兰等地从事大规模栽培茶树，故不再如此需要中国茶，使处于全球化国际竞争风潮的中国茶，逐渐丧失其在世界市场上的重要地位。

福建茶的生产与资本来源

输入英国的中国茶，以福建茶为最多。与英国开始茶贸易以后，随着中国茶输出的增加，福建红茶乃逐渐闻名于世。

当时和茶叶生产、制造有关的是山户、茶庄、茶栈与洋行。

山户是茶叶的栽培者，并且将其采摘、揉捻、干燥，以制造所谓“毛茶”的粗制茶。

茶庄是购买毛茶，且负责将其再炒、拣别、调和、包装等制造过程，并且是兼营输送的批发商。

茶栈是自茶庄采购茶，而后再干燥、装箱、卖给外国商行以便输出，经营者多为洋行买办。

外国洋行负责将茶叶装船运回本国，并派遣买办直接深入内地茶产区购买。

1. 茶庄与山户之间的预先支付制度

茶庄为临时设立之性质，约于每年四月至九月的茶季，福州或广州的商人到产茶地区，设立买卖交易所和手工制茶工厂。

因为是临时设立的，而且又须转卖给茶栈以便输出，故为了确保茶叶的购买，乃对山户推行预先支付茶款的制度。而“在武夷地方，习惯上商人或订契约，或购买，然后

图 29　茶叶精制情形。

将精制茶运送至自己的包装工厂，在为炒茶而建筑的工厂炒茶两天”。“厦门的商人曾预先支付茶款与武夷山的茶户”。福州商人则于出茶前，依照“惯例”预付总额的一部分，然后在交货时付清余额。

这种制度在鸦片战争前即已存在，当时东印度公司预先付款给行商，行商贷款给茶庄，茶庄再预先交款给山户，这是因为东印度公司要确保能于预定期间得到相当的数量并且比市价便宜、品质具有一定水准的茶叶之缘故；而行商、茶庄亦为了同一理由，所以在武夷地区实行预先支付制。

1830年以后，虽然英国东印度公司废止此一制度（于1776年成为常例），但行商仍预先支付购茶款项给茶庄，茶庄亦在订约时预先将茶价付与山户。《南京条约》缔结后，行商的特权被废除，而茶庄与山户之间的关系并未改变。换言之，直至19世纪末期，以茶叶生产者为对象的预先支付制度仍与以前无异，即自十月至年底，估计来年的生产额，而贷款其半数；在贩卖时，其预先贷款的部分则以六个月一成的利息计算，然后与所卖出之全部款项相抵，则可得到实际应得之款。但有时亦会出现不履行契约的现象，而由于行情之关系，预先支付款额的回收或有发生困难的情形。

预先支付制之所以存在，是因为直接生产者缺乏资金，故于采摘之前，预取定银；而他们急于脱售，因此往往不能待善价而沽，且运输机关（内地至口岸）亦为茶庄所独占，山户本身既然没有能力将精制茶运至各港口，所以只得接受茶庄的支配。

另一方面，公行制度被废除之后，代之而起由买办阶级所经营的茶栈，亦为了获取所需之茶叶而贷款给茶庄；再者，洋行也可派遣代理人深入产茶地区直接购买，他们携带巨款，并预付订金给茶庄，这也可算是具有浓厚季节性质的茶庄之一种资本来源。

2. 茶栈与买办

买办承袭广东十三行时代的行商、通事等掮客性质。他们通晓外国语，有经营的才干，熟悉中国社会的语言、习惯、货币、度量衡，并且在福州的广东籍买办均擅长茶业经营，提供输出茶之总量与售价、时价、现存量、汇兑率等数据给外国商社，他们能选择迎合西洋人口味的茶叶，如琼记公司在福州的负责人，就曾要其买办唐隆茂与洋行的外籍茶品尝者（tea-taster）合作，选择茶种。19 世纪 70 年代后期以后，中国茶的地位渐为印度所夺，广东籍买办亦渐失其在洋行的优越地位（唐隆茂为广东籍）。他们最主要的任务是从事“内地收购”，自当地茶庄抽取 1% 的佣金以确保与洋行之间的契约，这是因为他们是洋行及其在英美本国之公司，对于中国茶叶市场的主要知识来源，为中西交易的桥梁。例如 1856 年，怡和洋行福州分行的托马斯·赖根（Thomas Larken），根据其买办所提供的资料，写信给英国的查顿（Joseph Jardine，1822—1861 年），比较福州茶和广东茶的优劣，表示福州花香白毫茶（Orange Pekoe）泡起来香味浓馥，但叶子的外观黄而短，烘焙太久，不如广东茶的黑（这亦非自然色），而英国人已习惯了广东白毫茶，因此将来在英国市场上恐不易推销。虽然福建工夫茶仍为出口大宗，但广东白毫茶于 19 世纪 50 至 60 年代颇受英国市场欢迎。然而英国人的口味也在改变着，所以到了 19 世纪 70 年代，广东白毫茶的优势渐失，而九江茶亦较福州茶受欢迎。

买办并具有联络之作用，例如美国旗昌洋行的买办不但为此洋行进行交易，而且促成与其他洋行之间成立联合账目协议（joint-account arrangement），由于这种制度，在伦敦的汇票可以汇给美国的商人，再转寄中国之洋行，交给中国的茶商，促成茶贸易金融运用之灵活。

买办因其具有经营茶业的才能，并从洋行得到不少利润，因此资本累积后，往往自组茶栈，例如宝顺洋行（Dent & Co.）的买办徐润于 1868 年“离宝顺洋行自立宝源祥茶栈”。但他们即使自设茶栈营业，与原来的洋行仍保持密切的联系，例如琼记公司于 1854 年在福州设立分行，以唐隆茂为福州买办，代理商为威勒（George F. Weller，1819—1879 年），他们都为公司从事茶叶的“内地收购”工作，利用预付方式，使琼记公司在福州较其他洋行能优先获得茶，并有拒收劣茶之权。唐隆茂于 1862 年离开琼记公司福州分行，到长江上游自营茶栈，却仍时常提供茶、糖和鸦片等市况给该洋行（市场估计是一件困难而重要的工作）。一旦他在产茶地区设置茶栈并建立妥当之内地交易制度后，约翰·赫德（John Heard，1835 年—？）写信给阿伯特·赫德（A. F. Heard，1833—1890 年）说：“他（唐隆茂）已经在产茶地区设立茶栈……，完成（装船工作），如果他们答应的话，在本季，（茶）栈可以供给足够的茶，而契约将在福州签订。”

3. 内地收购

当时因为中国生产者和茶叶经纪人之间缺乏良好的制度，新通商口岸的福州，有时不能获得充足的茶叶，因此洋行发现他们必须采取积极的方法，以解决供应福州输出茶的需要问题。于是不再与加入洋茶帮的茶栈或独立的中国茶商交易，而派遣买办直接深入内地产茶区购茶，这种方式始于 1853 至 1854 年，旗昌洋行直接自距离福州 250 英里的武夷茶区买茶，顺闽江而下，于 19 世纪 60 年代以后大为盛行，成为福州大洋行交易之标准方式（在上海经营的大洋行中，采取此方式的只占小部分）。

这种直接在产茶区交易的方式谓之“内地收购”，洋商并不亲自至产茶地，而是派买办于初春携带巨款和作为交换手段的鸦片，到产茶的武夷山区直接与内地茶庄从事交易，以便购买足够的茶叶。后来，他们并且在产茶内地设立茶厂，从事烘焙、精制、包装工作。例如所有旗昌洋行自福州输出的茶都是在中国籍买办的管理之下，于产茶内地购买、再制和包装的。而琼记公司则于福州设厂，每年七至十一月，在买办的监督下，从事毛茶的烘焙、装箱等加工。故福州的买办如琼记公司之唐隆茂者，由于在茶叶生产与交易上居重要地位而深受公司的重视。到19世纪60年代，因在福州以“内地收购”来购买茶叶的方式盛行，以至于影响汇兑率的变动。这种汇兑率的提供也是买办的任务之一，包括中国纹银与墨西哥银元和英镑的汇兑，以及中国纹银与铜钱的比价。

汇兑率之所以重要，是洋行的“内地收购”方式采取预付制的缘故。例如琼记公司，是由买办携带预付金在初春到福建产茶地区，于五至八月停留彼处，而茶则于六至九月被运抵福州，以便装箱输出。在年额200 000元（墨西哥银元，Mexican dollars）的内地交易中，预付金为70 000元（占35%），而自订货到装船至少需时四个月，因为预付制的运用，故琼记公司可以得到品质优良又廉价的茶，并且有时尚能将剩余的地方茶在福州出售（有如中国茶商）。此外，为了加强他们在购买资金上的影响力和保证茶叶之供给，琼记公司也贷款给福州的茶栈，使之能进行个人的内地交易，并根据契约贩卖茶给洋行，因此洋行可以得到预期的供应，并能取得以市场价格购买的优先权。事实上，早在1846至1847年时，上海的中国茶栈亦多有接受怡和洋行的预付金者，故能够得到外国订单而购买茶叶。所以在福州，由于预付制的盛行，古老的洋行如怡和洋行（买办为林钦，即Acum）、旗昌洋行（买办为林显扬，即Ahyue）、琼记公司（买办为唐隆茂、陈亚九，即Akow）、宝顺洋行（买办为徐润）等，因为拥有巨额资本，故可利用预付制度来垄断内地茶叶之交易，例如1855年，怡和洋行的买办在福州所经手的"内地收购"之金额有440 065元，而宝顺洋行则投资了400 000元，琼记公司于1860年投资250 000元于"内地收购"中。这种制度使其得以垄断内地茶叶的交易，并借预付金来控制生产过程。其资金融通情形，图示如下：

洋行→（钱庄）→茶栈→茶庄→山户

↘内地收购（买办）→茶庄→山户

但“内地收购”事实上是件颇为冒险的营业，因为买办携带巨款深入内地，而当时地方治安并不稳定，故有遭遇强盗，甚至被抢劫一空，或因运输机关、天灾而影响茶叶运送的情形。有时买办因企图诈取资金而从事“双重交易”，例如琼记公司曾表示：“二三月时买办身怀巨款（至武夷茶区），而到五月时尚未运送茶叶回来，这是个大冒险，依据条约，我们没有在内地购买之权利，因此如有损失时，不能获得补偿。”故有的洋行并不相信买办，认为其仅为一抽取1%佣金的掮客而已，例如1850年，雷氏洋行（Rathbone & Co.）虽然派遣买办到产茶地区去探查茶叶收成情形，但并未从事“内地收购”，仅从各方通商口岸的茶栈购买。

然而，各港口茶叶的品质并不划一，为

了建立各贸易港茶品质的标准化，在19世纪60年代，雷氏洋行与洋泰洋行（Birley Washington & Co.）及其在广东、香港、福州、厦门和汉口的分店联合，时常交换茶的样品，以期建立一定评价的样品制度和决定品质的方法；并且万一与伦敦经纪人的估价不同时，可以采取较稳定的路线（因为茶品质是由茶叶品尝者所鉴定的，而中国与英国的标准有时不一致）。并且当需要汇款给本国时，他们常投资通商港口的丝茶贸易，将之装船运回英国，而在伦敦销售以换取现款。换言之，茶贸易使洋行之资本可以灵活地周转与再利用。

总之，由于19世纪50年代上海和广东输出茶的供不应求，洋行派遣买办携带巨款深入福建产茶地区进行“内地收购”，他们或购买茶庄的再制茶，或自营茶厂从事毛茶的精制与包装。这种方式改变了往昔广东十三行时代根深蒂固的独占贸易连锁路线（行商—

茶庄—山户），并且使洋行对于当时中国茶叶之供应量与价格有一全盘的了解。他们或自中国茶叶生产者和茶庄直接购买茶（例如旗昌、琼记），或自通商贸易港的茶栈采购（例如雷氏洋行），然后装运回国，售与本国之茶经纪人，使中国茶的生产制造者和英美国的顾客之间彼此远隔。更利用预付制的方式以操纵生产机构（以茶叶为保证，贷款给中国茶商）。这种“内地收购”之方式所以能在福州盛行，主要是因为19世纪50年代初期，福州的茶市场尚未开发，没有资本雄厚的茶商，而茶经纪人亦皆贫穷而不可信赖，因此不可能产生信用状制度，故最佳的方法是采取物物交换制，就是以鸦片和现金来换取茶叶。但是贸易逐渐扩展之后，在19世纪60年代，福州亦产生了汇兑市场（例如雷氏洋行，曾送汇票给洋泰洋行），后来随着贸易额之增加，信用状成为供给资本的主要方式，而福州的汇兑市场亦逐渐扩大，外国银行在此设立分行，使洋行更能充实其功能。

到了19世纪70年代，福州茶贸易仍为洋行所操纵。此时，外国洋行再向银行借款进行“内地收购”，例如1876年，预付金的40%是由银行融资的，而1880年，在福州，外商共以57 000 000元到内地购买头春茶，因此，有关茶制造的中国各行业不能高抬价格；但是，如果本地人直接向生产者购茶再转售于洋行，则虽然茶价可能上升，然而由于利益之争夺，以后将可能造成更大的损失。事实上，资本雄厚的洋行和银行利用预付制的“内地收购”与沿岸和海洋运输来垄断中国（福州）茶市场，使中国茶（福建茶）在世界市场上不能自己经营，故当地资本浅薄之茶商，无法抗拒外国资本的洋行势力，而茶贸易之前途则与洋行息息相关，甚至可以说英国伦敦和利物浦的茶叶市场，明显地影响中国的茶叶市场。

再者，茶叶输出量增加影响了福建茶的生产，但在茶叶生产与贸易结构中居于最底层的山户，仍旧只是传统小农经营的性质。

虽然增加乡间农人很多就业机会，但茶栽培依然为农家副业，如果影响主谷之收获则废茶山。山户贫困依然，只得接受批发商人资本的茶庄之预付金而从事生产并受其支配。茶庄之资金则来自买办资本的茶栈。而由于茶叶流通的季节性色彩非常浓厚，故地方茶庄之盛衰受福州茶市场的影响；此市场又与国际市场景气变动之关系极为密切。故 19 世纪 70 年代晚期以后，国际茶价低落时，茶庄倾家荡产者不少。茶庄兼营制茶手工工厂，在其再制过程中，已因选拣、精制、调和与包装等项而有分工之雇佣劳动的存在，然而并未开发新制造技术和加深对新市场的知识，乃至茶叶品质日劣，预伏后来衰败之机。

另一方面，中国政府则汲汲于茶叶起运税、运销税、厘金、军饷捐和海关正税、子口半税（《天津条约》规定在货物流通道路上设置关卡，征收子口税，税额为正之半）的征收，以致茶叶成本过重，当国外价格低落时，茶栈茶庄有折本之虞，乃转而欺压山户；价格高昂时，得利者皆为茶商，阻碍了直接生产者发展民富的可能性。当武夷红茶运往上海输出时，曾造成内地市场（如河口）的繁荣，后来随着运输路线的南移而衰落。福州成为外籍船只停泊之中心，快速船以此为起点，展开激烈的装载与横渡印度洋的航行竞争（1866 年为巅峰），其竞载造成供过于求现象而使伦敦之茶价降低。1869 年苏伊士运河开通后，安全性高、速度快的轮船逐渐取代快速船，这些轮船公司经营者为英美各大洋行，换言之，外国资本操纵了茶叶的运输。1871 年上海与伦敦之间的海底电线敷设等交通上的革命，使中国茶的输出在全球化的进程中，更受外国市场之牵制。

新消费国之登场

1860年汉口开放通商之后，不但西方资本主义的经济势力进入长江中游与中国内地，而且更扩大了往昔与西北、塞北方面之内陆贸易，俄国的经济势力也因此深入两湖地区。由于俄国对于砖茶之需要增加，俄国商行乃在汉口自行设厂，在其监督下从事机械式的制造，促成中国茶业的工业化，亦使两湖茶的重要性上升，汉口也因输出茶贸易而繁荣。因为这种二元性贸易的缘故，所以当丧失英国市场时，两湖地区的茶叶仍能维持某种程度的出口量，汉口亦取代逐渐衰颓的福州，成为中国第一大茶贸易港。

另一方面，英国商人在19世纪60年代开

辟澳洲市场，以输入福建红茶为主。他们在19世纪70年代初期为求品质良好的茶叶，曾企图引进两湖茶至当地，但并未成功。19世纪80年代则开始导入廉价的印度茶打击福建茶，福建茶在澳洲市场因而也逐渐衰落，其速度虽不如在英国本土之快，但其征象却大同小异。

中俄恰克图茶贸易

鸦片战争以后，福建茶一直是以英国为主要输出对象，而且几乎是唯一的对象；两湖茶则除了对英输出之外，还循着往昔之路径输往塞外和蒙古，更经由恰克图而流入莫斯科。

恰克图贸易一直是中俄贸易的主体，而茶贸易又为中俄贸易之核心，尤其是19世纪以降，茶的输入就数量与金额而言，在俄国总输入值中所占的比重都急剧地上升。在金额方面，1802到1807年，占中国对俄国总输入值之42.3%，1812至1820年，则增为74.3%，

图 30　恰克图，往昔中俄贸易的重要市镇。

1821 至 1830 年续增为 88.5%，1831 至 1840 年为 93.6%，1841 至 1850 年则高达 94.9%，而 1851 年所缔结的中俄《伊犁通商条约》，可谓为《尼布楚条约》《恰克图条约》之延长；就贸易方面而言，则是恰克图贸易之地域扩张，虽然在本质上，中俄贸易的体制并没有变更。不过在鸦片战争以后，由于五口开港使英国制品可以直接廉价进入中国，影响到俄制棉织物的销路；同时，中国茶大量流至英国，再从海路输入俄国的走私茶也逐年增加，造成19世纪后半叶俄国对华贸易入超的情形逐渐严重。因此，对俄国而言，以恰克图贸易为基础的中俄贸易体制已不能再维持原状，于是乃有1858年缔结中俄《天津条约》之举。

根据《天津条约》第三条，俄国不仅可以在中俄国境上的指定地从事贸易，也取得与西欧诸国相等的最惠国待遇，得入港上海、宁波、福州、厦门、广州、台湾（台南）和琼州。而于1860年的中俄《北京条约》中，俄国重获至北京贸易的旧权利，并能在库伦、张家口和喀什噶尔等地互市。1862年又缔结《陆路通商章程》，其规定：1. 以两国国境两侧100里内之地域为免税地带，给予俄国商人在蒙古无税经商之权利；2. 对于自俄国经陆路而输入天津之俄国货物，得减海关税三分之一，而自天津经由陆路输往恰克图的中国货物，于缴纳规定之输出税后，不再征收他税，从张家口购入的中国货物则输出税减半。俄国到中国内地贸易因而更为有利。

其实，1861年俄国政府允许经由海路输入茶叶至欧俄，打破了恰克图独占的茶贸易，其目的在防止走私贸易。因为在1861年之前，茶叶贸易除了正式的恰克图贸易外，还有自英国经海路输入的走私贸易，在19世纪50年代，走私茶约占正式输入茶的45%。至于价格方面，为了弥补前述棉布输出的损失而提高茶价，再加上征收高额输入税，并且陆路（即经由恰克图）比海路的运费为高，故正式茶的价格约为走私茶的2倍以上。高额的输入税，再加上俄国顾客付给恰克图贸易独占者过高的价格，助长了走私贸易。

此外，以俄国政府的立场而言，如果由海路大量输入运费低廉的茶，则可促进茶的消费量，从而每年增加税收1000万卢布以上，所以俄国政府在1861年以缴纳进口税为条件，允许由海路输入茶。虽然当时经由恰克图之进口税较经过海路者为轻，但由于运输成本低，海运茶叶至俄国仍较陆运便宜，因此自1862年以后，由海路输入的茶剧增。经海路输入的茶，其输入路径和往昔的走私茶相同，即汉口—上海—伦敦经波罗的海—莫斯科之路线。

另一方面，基于中俄《北京条约》和《陆路通商章程》，俄国商人可以直接自汉口输入茶，尤其是砖茶。在19世纪60年代中期以后，茶大都由俄商直接从汉口输入俄国，恰克图茶贸易中心的地位自此渐渐动摇，代之而起的是汉口的茶贸易。汉口的茶贸易范围较广，市场较大，甚至俄国商人也在此地设厂制造砖茶输出。他们向中国人购买茶叶、茶屑等物，自己制成砖茶，品质和中国人的成品相同但价格更便宜。砖茶自汉口经上海运往天津，再经陆路输送至恰克图和其他市场，恰克图因而变成附属于汉口的茶贸易，在恰克图的商人往往派其代理人到汉口购茶与设厂制造，所制砖茶都是适合俄国市场的需求。

砖茶与中俄贸易

砖茶的制造与贩卖，在中国已有悠久的历史。19世纪初叶以来，汉口的砖茶即经山西商人之手顺汉水运抵樊城（距汉口350英里），再经陆路运到北通州和归化城（山西），然后经张家口运售于蒙古，或再北运至恰克图由俄国商人运售于西伯利亚、中亚及俄国之广大地区。而在鸦片战争前后，砖茶已成为对俄贸易中最主要的出口商品，那时的砖茶皆以中国旧式手工方法制造，便于陆路长途运输，汉口则为当时以及后来的砖茶制造与交易中心。即使是湖广之茶，亦顺汉水、洞庭湖及沅湘诸水而下，汇集于汉口，卖给在汉口的茶栈，再由茶栈负责运至恰克图。因此，不但恰克图因为中俄贸易而繁荣一时，汉口也因居茶叶集散中心而成为中俄茶贸易的重镇。这条线在1862年以后，则为俄国商队所利用。到恰克图之路线亦不只一条，有的自汉口运茶经上海至天津，再经张家口而送到买卖城（今在蒙古境内，现名阿勒坦布拉格，Altanbulag）与恰克图。这条线因为能利用轮船或帆船，不但时间较迅速，也较为安全而经济，所以逐渐成为恰克图贸易之主流。俄国商人在天津和汉口建立据点，在供给恰克图茶市场方面，与山西商人相竞争而成功了，故张家口亦成为茶叶集散中心之一。

图31　买卖城一景。买卖城与恰克图隔河相望，是清代对俄贸易的基地。

此外，福建武夷茶亦曾经陆路而输往俄国。根据《英国领事报告书》（1868年）和《十年海关报告》（1922—1933年）中所称，在1853年之前，福建茶是唯一由中国商人运至恰克图而输出俄国者，后因1853至1856年太平天国运动，交通困难，福建茶之供给大都被隔断，以致茶价上涨50%。因此，一部分商人乃以湖南和湖北的红茶取代。当时运抵恰克图的茶叶中，福建茶与两湖茶平分秋色，此后两湖茶以福建茶名义售与俄国人。乱平之后，湖北茶在错误的包装之下最先被运抵恰克图。恰好两湖茶非常适合俄国人的口味，故一些有远见的中国茶商，乃公开输入两湖茶，而输入福建茶之商人则损失惨重，因此福建茶在俄国的市场渐为两湖茶所夺。在1853年以后，如前所述，英美各洋行在武夷茶区从事“内地收购”，以福州为茶之输出港，由海运大量输往世界市场，故陆运武夷茶也失去其意义。而福州茶在1872年之前，所输往外国的是红茶与乌龙茶，并没有砖茶出口，自1872年俄商在福州及其附近产茶区设厂制造砖茶后，福州始有少量砖茶出口。所以，中俄的茶贸易，可以说是以两湖茶为主体，同时在砖茶之外，高级和中级红茶的输出量亦非常可观，这大都是转口天津而运输的。

不仅陆路之中俄茶贸易以两湖茶为大宗，海运者亦然。自从1860年汉口开放通商，1862年俄国西界开禁之后，湖广茶就汇集于汉口，再顺扬子江至上海，然后以海运直驶伦敦，转口莫斯科。1869年苏伊士运河开通以后，东西洋距离缩短，俄国商人乃在敖德萨建筑商馆。1870年有一家俄国商行更建立敖德萨与中国之间的轮船交通网，砖茶和红茶于是经由敖德萨运往俄国。根据中国的海关报告，经由敖德萨输往俄国的茶逐年增加，并逐渐取代经由伦敦至俄国者。但与此同时，经由恰克图输出的茶并未见减少，而经由黑龙江至俄境的茶也与年俱增，换言之，中国对俄输出茶的总量仍在增加。19世纪50年代为

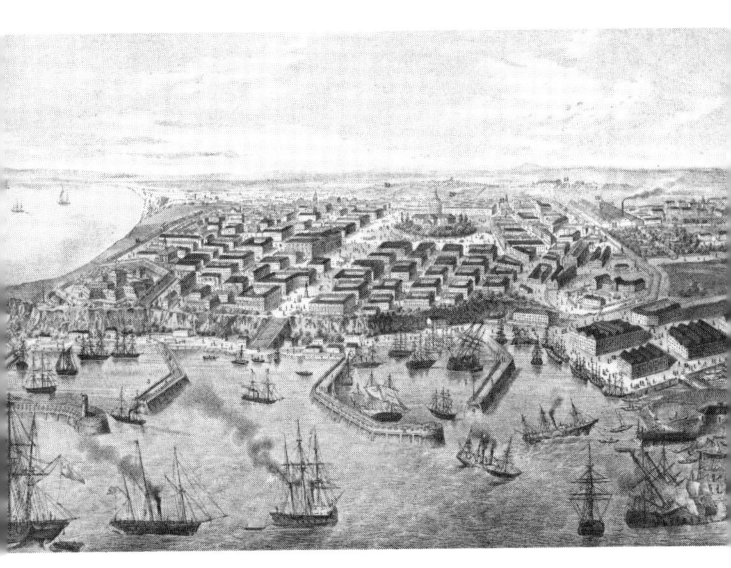

图 32 19 世纪中叶的敖德萨港。

12 998 800 磅（97 440 担），19 世纪 60 年代为 14 432 000 磅（108 267 担），19 世纪 70 年代为 25 560 000 磅（189 467 担），19 世纪 80 年代为 45 100 000 磅（338 334 担），19 世纪 90 年代为 90 200 000 磅（676 668 担）。再者，根据海关统计，在 1890 年，俄国的茶输入量超过一直居于首位的英国，成为中国最大的茶输出国，出口俄国成为茶贸易的主流。即使对于中俄之贸易值而言，茶叶自 19 世纪 30

年代至 19 世纪末叶，也一直占有 90% 以上的俄国之进口总值。由于俄国之需求已由上等茶扩展至普通茶，而且能够出以高价，故输出英、美的好茶也日益减少。

在与年俱增的中俄茶贸易中，虽然由于海上交通发达与长江航运权的开放，使得经由敖德萨的输出茶突然增加，但恰克图的茶贸易依然不曾衰减。虽然在 19 世纪 70 年代，经恰克图的茶贸易占中俄茶贸易的 88%，19 世纪 80 年代占有 71%，19 世纪 90 年代则为 54%，而经由敖德萨的则为 10%、20% 与 32%，但这并非表示恰克图之茶输入量降低，而是由于全部总输入量增加的缘故。

恰克图茶贸易之所以不太受海运发达之影响，根据《海关报告》，其原因是：1. 大量经由恰克图而输入的砖茶为“自长城至北冰洋，自太平洋岸至乌拉尔山的西伯利亚诸民族”所爱饮用，且因俄国经略中亚，在南西伯利亚和中亚开设了新市场，再加上1864年俄国政府禁止砖茶从西边国界输入的缘故。2.经由蒙古陆路输送的茶叶之品质与香气，比经由海路输送到欧洲的茶叶略胜一筹。事实上，如前所述，由海路运输之茶（包括福建茶），因为商人的投机取巧，都掺有混合物而遭受批评。3.因砖茶需求日增，俄国茶商为了满足此一市场，乃于1869年在汉口、1872年在福州设立了使用蒸汽机的砖茶工厂，以便制造品质优良、水准一定的砖茶。因此，虽然经由恰克图之茶叶比海路输入的昂贵，但俄国茶商往往权衡市场需求而获取适当的高品质茶，故由恰克图输入的茶叶数量，仍然超过经由海路的茶叶总量。

总之，中俄茶贸易一直以恰克图贸易为中心，汉口在开港之前，是陆路运输的起步之处；在开港以后，则为汉口—上海—天津—张家口—恰克图路线之水路起点，且为汉口—上海—伦敦—莫斯科之海路运输的出发港，而在苏伊士运河开通之后，并可自汉口直接运茶至敖德萨。在1878年俄国义勇舰社（Russian Volunteer Fleet）设立汉口—敖德萨定期航路以后，俄国资本更掌握了海运茶叶至敖德萨的权利，例如阜昌洋行（Molchanoff Pechatnoff & Co.）便是其总经纪人。他们独占此线之茶贸易，并无英国商人的竞争，故集中于汉口以便运往俄国的两湖茶逐渐增加。天津也因为位于中俄茶贸易的水路与陆路转运点而繁荣；恰克图则因输往俄国的茶总量增加，遂不至于因海运开辟而动摇其地位。

进而言之，中俄茶贸易之所以逐渐增加，乃是由于俄国对于砖茶之需要与年俱增的缘故。砖茶的制造和输出皆为俄商所独营，其所以成功是由于茶末（原料）廉价、制造费低、输出税低和俄国进口税低的缘故。当时最大之花费就是运费（水路和陆路）。虽然俄国商人亦输出茶叶，但数量并不多，他们最主要的工作是制造砖茶。彼自俄国订单所得的佣金很高，绝不会招致损失，所以砖茶之制造与输出逐渐为其所独占。往昔，中国人在两湖产茶区以茶末制造砖茶，由山西商人长途跋涉，运至蒙古，俄商则到恰克图交易。自中俄《北京条约》汉口开港之后，俄国资本开始深入两湖产茶内地。1870年起，陆续在九江、福州等地设立工厂；1876年将两湖茶区之工厂迁至汉口，集中于汉口租界。他们以茶末和茶叶为原料，利用蒸汽机和其他机器制造砖茶，结果用料更省，品质也比手工制造的还要坚实，更在蒙古和西伯利亚广泛地被饮用。然而这一特殊贸易，直至19世纪80年代为止，皆为俄国人所独占，这不仅是因为中俄条约使俄国人能够享有自汉口直接利用水运运输至天津的特权，更因这种事业（制造与运输）需要强大的资本——在中国设置工厂与交易所，茶叶出售前长时间运输所需之费用，必须熟悉内陆运输之特色与所使用的语言，还得具备关于茶叶性质以及焙制过程等方面的充足知识。其他的商人（中国或英美洋商）都无法同时拥有这些基本的“资格”，所以俄国商人能够独占其利。另一方面，由于运输路线的便利，输往俄国的红茶也与年俱增，这主要是利用海运的关系，因为沿海关税的免除比缴纳内地通过税的利益为大，故两湖内地之茶皆以汉口为集散中心。再者，对俄茶贸易之增加，与对英茶贸易之逐渐减退，不无关系。这是由于往年都是先运到英国伦敦才转运到俄国的，而现在俄国茶商则直接由中国运到敖德萨。但是在福州方面，19 世纪 80 年代以后，由于红茶在英国市场的竞争不敌印度茶、锡兰茶；对美国之绿茶输出量本就很少，19 世纪 70 年代后期以后，又渐不敌日本茶之攻势；对于澳洲的出口也受印度茶的影响；而砖茶制造业原本就不发达，又不合俄国人之口味，仅为补充汉口砖茶不足之用，故福州在福建茶业衰落后，更加一蹶不振。甲午战争之后，因为收入不敷开销之用，所以在福州经营输出的俄国洋行将砖茶厂之机器送往汉口而停业了。

澳洲市场之开拓

在福建的茶贸易鼎盛之时，福建茶亦开始流入澳洲。在 19 世纪 60 年代，澳洲皆经由英国商人而自福州输入茶，直至 19 世纪 70 年代初期，始有华中茶之输入，但数量并不多，且福州茶之势亦未衰。在 19 世纪 70 年代之前，福州茶输入澳洲者不超过 10 万担；自 1872 年起始超过 10 万担；1881 年更高达 16 万担。以后虽略减，但直至 1890 年止，皆在 10 万担以上，所以可见澳洲并未因自汉口、上海输入两湖茶而减少消费福州茶，这应该可以说是由于澳洲饮茶人口增加的缘故，而 1881 年以后之略减可能是印度、锡兰茶之侵入所导致的结果。当时澳洲既是英国的殖民地，其茶贸易亦为英国商人所掌握，所以中国茶在澳洲市场之荣衰，亦与英国商人息息相关。由澳洲茶贸易之动态，可以略窥中国茶在世界市场所扮演的角色之一斑。

福州茶贸易繁盛之时，英国商人亦开始

开拓澳洲市场，且澳洲需要品质较佳的茶，他们亦可能付出较高之价格。但随着澳洲市场对中国茶之需求逐渐增加，与福建茶品质的下降，英国商人开始自汉口和上海输出茶至澳洲。如果福建茶能在调制方面有所改进，则由于地势之利，可能成为澳洲市场之唯一供给者。可是英国商人自1870年开始，从汉口直接运输茶450 000磅至澳洲后，发生了福州茶与两湖茶在澳洲市场互相竞争的情形。

当时英国商人同时导入福州茶和两湖茶至澳洲市场，而因为该地市场扩大且消费者愿意支付高价，所以福州市场开市之后，首先交易的都是运去澳洲者，在该殖民地的需要尚未得到满足之前，运至伦敦市场方面的商人并不采取行动，等到一阵高潮过后，中国的茶中间商人才开始接受较低之价格。两湖茶因为俄国输出的增加，事实上不可能有太多茶叶去供给澳洲市场。澳洲为求廉价之好茶，只得输入他国的茶叶。

19世纪80年代初期以降，英国商人在印度所发展的茶栽培业有了眉目，加尔各答茶联合会（Calcutta Tea Syndicate）在1882年打进墨尔本市场，影响福州茶的输出与销路。在1884年输澳之福州茶虽略有增加，但其数量仍比不上前五年的平均数。1885年虽续增，而输出英国者则减少。19世纪80年代末，虽然福州茶输往澳洲和新西兰者比以前增加，却因此造成供过于求的现象，使许多茶无法出售，即使出售，亦会损失严重。不过，输英之福州茶大减，所以澳洲仍为福州茶的主要输出地。

总之，澳洲茶市场一向由福建茶所供给，两湖茶在19世纪70年代略有输出，但由于俄国市场需求日增，英国商人在汉口不敌俄国商人踊跃购茶之竞争，所以在以伦敦市场为主的情况之下，不可能运送太多的茶去墨尔本市场，福建茶仍为其主要供应的来源。直至19世纪80年代，英国商人为求廉价茶叶而开发的印度茶产量剧增，不但大量流入英国本土，并且借英国商人之手进军澳洲市场，在19世纪80年代末期开始威胁到中国茶（福建茶）的地位。换言之，福建茶一向以英国及其殖民地为输出对象，其命运掌握于英国商人手中，澳洲市场为他们一手所开辟，但是也因英国商人导入印度茶而使福建茶逐渐在澳洲丧失优势。这正是英国商人掌握中国茶贸易（尤其是福建茶）的典型之例。

中国茶叶的国际竞争

与中国进行茶贸易多年的英国商人，在19世纪80年代初期，已经开始认识到，他们使中国茶在世界茶市场上，由卖方市场转换地位到买方市场的努力，业已逐渐成功。换言之，此即表示印度茶和日本茶的抬头，而从中国茶的立场观之，则意味着其已被置于国际性的竞争关系。

竞争的过程

当时，在世界茶市场上，印度茶和锡兰茶因为味道浓厚适合西欧添加牛奶的饮茶习惯而渐被喜爱，馨香淡薄的中国茶却往往会因加入牛奶后丧失芬芳，故不受欢迎。例如1866年，中国茶的品质比以往优良，但价格却低落，使茶生产者、中国茶商和外国运输商人皆亏损。换言之，中国在鸦片制造方面之势，凌逼印度，而印度却在茶叶制造上与中国相竞争。

英国市场在19世纪60年代可以说是以中国茶为中心的，当时中国茶输入英国之数量与年俱增，印度茶虽亦有流入英国者，但数量并不多，尚不足以构成威胁。然而印度茶之输入量增加迅速（参见下表），在1871年时尚只及中国输入英国之数量的10%，1875年则已逾15%，此后由中国输入的茶逐年渐减，印度茶之输入量却积年递增，到1880年时，达到45 530 728磅，而为在英中国输入茶的28.8%，1883年则已近40%，1887年时，自中国进口的茶叶已开始显示出急剧减少的现象，印度输入茶激增，与中国茶几乎平分秋色（两者之比例为1∶1.2），而于1889年超过中国的9250万磅，为9450万磅。因此1890年以后，印度茶在英国取得优势，成为英国消费总量的最主要来源，中国茶终被冷落。

输入英国的中国茶与印度茶（1871—1887年）

年份	中国茶 数量（磅）	印度茶 数量（磅）	印度茶与 中国茶之比率
1871	150 010 575	15 163 907	10.1%
1872	157 761 169	16 507 655	10.5%
1873	136 298 219	18 515 874	13.6%
1874	132 928 579	18 124 715	13.6%
1875	169 762 945	25 589 765	15.1%
1876	155 693 724	27 910 332	17.9%
1877	154 996 561	30 957 295	20.0%
1878	165 660 009	35 424 611	21.4%
1879	141 517 054	38 595 921	27.3%
1880	158 032 111	45 530 728	28.8%
1881	162 195 350	45 614 262	28.1%
1882	153 527 372	54 085 348	35.2%
1883	156 112 831	61 260 311	39.2%
1884	143 708 568	65 423 139	45.5%
1885	139 588 183	68 627 150	49.2%
1886	144 898 193	80 621 756	55.6%
1887	118 849 258	97 743 655	82.2%

资料来源：1. I. U. P., *B. P. P.*, China , Vol. 40, p. 802, "Returns Relating to the Trade of India and China, from 1859 to 1870," ordered by the House of Commons, to be printed, July 12, 1871, p. 4.
2. *Ibid.*, p. 820, "Returns for Each Year Since 1870, of the Value Computed or Declared, of the Manufacture, Produce, and Bullion," ordered by the House of Commons, to be printed, June 15, 1888, p. 4.

至于日本茶方面的竞争，根据《日本茶贸易概观》之记述，其主要输出对象为美国，在1860年，美国输入中国茶30 000 000磅，日本茶350 000磅；1868年，中国茶则减为25 000 000磅，日本茶却增为7 600 000磅，到1875年时，日本茶输入美国的数量凌驾中国茶的20 000 000磅而为24 000 000磅。其后，在美国市场上，日本茶与中国茶之竞争，互有输赢，而于1908年左右，日本茶之势绝对压抑了中国茶，在1917年的美国市场上，日本茶输入52 418 963磅，中国茶仅进口22 927 600磅，印度茶则有11 051 692磅。

日本输出茶的总数量（参见下表），在1870年以前尚不及15 000 000磅，进入1870年代以后，输出量却急增，尤其是1875年以后，几乎增加一倍而达到30 000 000磅上下，1879年又剧增，19世纪80年代前半期一直维持在40 000 000磅之谱，1886年则高达 47 595 651 磅，1891 年更输出 53 231 999 磅，此后虽略微减少，但皆在 40 000 000 磅以上。并且日本绿茶在 1874 至 1875 年输出到美国的数量已超过中国绿茶，此后逐年增加，而与中国茶（包括红茶、绿茶）在美国市场上相持不下，20 世纪初期则击败中国茶。

日本茶输出表（1865—1900 年）

年份	输出量（磅）	年份	输出量（磅）
1865	10 626 666	1883	37 146 915
1866	10 480 000	1884	35 804 628
1867	12 600 000	1885	41 245 520
1868	13 487 457	1886	47 595 651
1869	11 460 600	1887	47 482 008
1870	16 419 203	1888	44 225 008
1871	18 755 804	1889	43 115 392
1872	19 645 813	1890	49 667 637
1873	17 786 679	1891	53 231 999
1874	25 505 373	1892	50 024 271
1875	28 371 511	1893	48 591 407
1876	26 968 560	1894	50 058 116
1877	27 624 221	1895	51 768 881

续表

年份	输出量（磅）	年份	输出量（磅）
1878	29 010 395	1896	44 321 963
1879	38 136 093	1897	43 510 244
1880	40 437 061	1898	41 102 176
1881	38 483 855	1899	46 308 859
1882	37 734 845	1900	42 986 863

资料来源：茶业组合中央会议所，《日本茶贸易概观》（东京：茶业组合中央会议所，1935）；日元、镑之换算率则根据同书之《历年对外为替相场建值表》（原数据以日元为单位）。

至于价格方面，印度茶的价格一直略高于中国茶（每磅约2至4便士左右），因此其所以能在19世纪90年代以后取代中国茶而得到优越地位，并非由于廉价出售的缘故，主要是因为在原产地的成本低，而却能在英国卖得好价格，从而茶商得到高利润的缘故。至于日本茶在19世纪末期（19世纪70至90年代）与中国茶相竞争时，可以说是以廉价供应而取胜；进入20世纪之后，日本已确保其在美国市场之地位，中国茶之威胁已消失，故价格才渐上升。

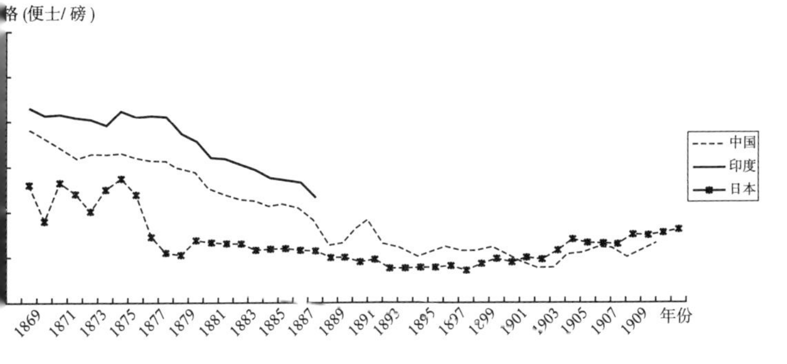

图 33　中印日茶价比较图。印度茶价格一直略高于中国茶约 2 至 4 便士。

总之，中国茶之国际竞争始于 19 世纪 70 年代，而于 80 年代达到高潮，90 年代决定了胜负。在英国市场上，竞争的对手是印度茶；在美国市场上则为日本茶。印度茶是特殊殖民地色彩的栽培业，使其成本降低，经营茶贸易的英国商人因此得益；日本茶则以价廉取胜。但中国、印度、日本这亚洲三国的茶贸易竞争并非出乎自主，而是由英国为首的欧美商人所操纵，他们为取得价廉物美、利润丰富的茶，乃透过其资金的经营，使这亚洲三国展开茶贸易的竞争，换言之，当英国资本开始转移到印度、日本时，已注定了中国茶国际竞争的命运。

印度茶贸易之发展

在英国东印度公司的时代，就已开始关心中国地区以外的茶叶。于19世纪初期，印度阿萨姆的旅行者带来与中国茶同一品种的茶树，1834年，英国东印度公司在中国的贸易独占权被废止之后，印度总督威廉·本提克勋爵（Lord William Bentinck，1774—1839年）下令开始研究在印度栽培茶叶的可能性，以对抗中国的生产独占，虽然阿萨姆茶苗与中国茶系属同一品种，但当英国东印度公司开始采用中国茶苗栽培时，却遭到失败，在加尔各答的中国茶苗亦然。另一方面，有一英国驻印军官布鲁士少校（Maj. Bruce），早于19世纪20年代即首先试种阿萨姆茶苗，在1838年，首次向伦敦输出40磅。1840年成立阿萨姆公司（Assam Company），积极研究培植印度茶，19世纪50年代以后普遍种植于阿

图 34　今日的阿萨姆茶园。

萨姆各地和其他地区，其栽培面积，1859 年为 7 600 英亩，1880 年则扩充为约 210 000 英亩，1905 年更增为 530 000 英亩，并且几乎皆为英国人直接投资与经营的大栽培业；此外，英国亦于 19 世纪 70 年代开始在锡兰实施大规模的茶园投资，1878 年其栽培面积有 4700 英亩，1885 年为 100 000 英亩，至 1895 年更扩大为 300 000 英亩。

印度茶叶生产量的增加，表现于对英国输出量的迅速增加，1860年达到2 707 449磅，印度茶之消费量在1867年增为7 778 624磅，占英国全部市场供给量之6%。在19世纪70年代时，英国茶消费量增加2/3。1870年，英国总输入量中，印度茶为13 046 335磅，仅占10%；1875年为25 589 765磅，占英国总输入量之13.1%，英国渣打银行和其他汇兑银行的投资更加速了印度茶产业的发展，乃至取代了中国茶在英国市场的地位。反之，中国茶逐渐丧失英国市场，到19世纪末叶，500 000英亩的大农场式经营之印度茶大约年产200 000 000磅，其中140 000 000磅输入英国，中国茶之输入量则仅有24 000 000磅。换句话说，中国茶在世界茶市场上，逐渐由卖方市场的位置转换到买方市场。

日本茶贸易之发展

日本茶在19世纪60年代始于世界贸易上登场，当时主要输出港为横滨，再制茶工厂亦设于此，经由外国商行而输向英、美，贸易权掌握于洋行手中。由于输出量逐年增加，乃开垦茶园（最主要为牧之原茶园），改良生产方法。日本商人亦开始从事茶贸易，纷纷成立制茶公司，但直到19世纪90年代仍由外商掌握商权。而这些茶皆经由洋行雇用日本人到茶生产地直接收购后，加工输出到外国。外商也从推销商购买茶后，在

图35　19世纪末的日本茶园。

其居留地（类似中国的租界）内所设立的再制工厂加工，并运输海外。和中国茶的情形相似，外商掌握了最终之过程，他们不但是购买者，且为制造者，并兼为输出者。再制工厂因为位于居留地内，故能以恶劣的劳动条件来苛待女工。外商并且预先贷款给日本推销商，使之从属化，借此操纵生产、流通过程。但另一方面，推销商因与外商结合而能迅速地累积资本，乃至脱离外商的贷款支配，并发展生产事业，不但独占国内之流通，且欲侵入外商的贸易独占之领域，从事“直输出”。

中日甲午战争以后，日本商人不但从事茶再制工厂，并试图茶之“直输出”。例如在横滨的日本制茶株式会社、在神户的日本制茶输出株式会社、在伏见的伏见企业株式会社等，出现在制茶贸易的第一线。这些再制茶的公司，以在美国的古谷（纽约）、水谷（芝加哥）、本间（圣路易斯）等各日本商社为代理店，输出各自的精制茶，打开直接贩卖之道。其所经营的数量越来越大，在1887年，外商与日本商人所经手的茶数量之比为100∶4，1897年即增为100∶13。

1899年清水港被指定为正式的通商港埠，因地利之便，静冈茶乃由此港输出，输出量大增，于1909年超过横滨而成为第一茶输出港。再制茶工厂亦转移至此，对外输出剧增，为日本茶的黄金时代。

进而言之，自20世纪初期以来，由于日本人从事茶再制业的发达，精制茶输出的商权，渐渐自外国人移至日本人之手，同时，其交易市场亦自横滨、神户等先进地移至距产地较近的静冈。从而其交易之内容亦大为改变，即以前在神户、横滨二港之外商，自推销批发商购买毛茶，然后在自己所设立的工厂加工；如今在静冈市场，因为当地之茶再制事业已非常发达，故有的外商只是看样

图 36　19 世纪末的日本制茶工厂。

本而买入精制茶。换言之，渐渐从毛茶贸易转变为精制茶贸易。因此外国商人将其在横滨的再制茶工厂迁移至静冈，而由清水港输出。在贸易金融方面，以横滨正金银行为中心的日本之金融机关，达到与外国银行对等之地位。

总之，日本茶贸易之发展与外国商行息息相关，在国内流通方面，则形成茶推销商体制，而从属于外商的贸易独占体制，直至1893年为止，输出茶的90.8%仍由外商所经手。他们利用居留地之优点，在此建立精制工厂从事加工并且输出。日本商人虽在政府之倡导下，积极发展茶叶之“直输出”，但由于资金之薄弱、海运之为外商所独占（在1880年，若以轮船所装载货物之价值来计算，则在日本对外贸易中，英国所占比率为47%，美国为18%，法国为7%，日本为23%），所以发展相当困难。中日甲午战争以后，制茶公司纷纷成立，并利用日本商社为代理店，开始打开直接贩卖之道。进入20世纪以后，输出精制茶之商权才逐渐由外商转移至日本商人，在1903年，直接输出的数量占总输出量的28%。而日本茶之品质虽较中国茶为差，但成本较低廉，外商所获利润较大，故积极发展，在美国市场与中国绿茶相抗衡，于20世纪初期取得绝对优势。

由上可知，印度茶之栽培、制造与输出，皆由英国商人所经营，日本茶之情况亦然，都是在以英国为中心的外国商人掌握茶叶贸易之情况下，使输出量增加。换言之，中国茶并非在公开的拍卖市场中，与日本茶和印度茶相竞争，而是支配全球茶叶贸易的外国商人，他们为了获得廉价且受欢迎的茶，并实现独占之利益，因此在形成茶的多国多产结构的过程中，使这三个亚洲产茶国之间发生激烈的竞争。

余 论

在全球化进程中，虽然以茶叶为饮料的习惯源于中国，经陆路与海路传播至世界各个角落，但在东方与西方，却由于本身传统文化的不同，环境的相异而产生不一样的饮茶文化，西方是以英国为典型的红茶文化，此红茶文化飘逸着贵族的资产阶级气息，带着重商主义的色彩，促使欧洲强权为了满足对红茶及其佐料蔗糖的需求，不惜伸展帝国主义的魔掌，在当时所谓的“落后”地区一而再、再而三地制造殖民地，展开商品掠夺和人身买卖（奴隶）的活动。影响所及，中国茶贸易之开始发展、鼎盛、衰微，皆受制于外国市场，在1875年以前，由于中国是世界首要产茶国，故外国市场对中国茶之需要极大，在中国之外商纷纷争运茶，因此中国的市场价格有时甚至高于外国市场之行情，外国市场虽然影响中国市场之波动，但仍有限度。而中国茶中间商人为趁机谋利，乃大量粗制滥造，以致降低茶叶的品质。支配贸易的外国商人为能确实获得价廉物美之茶，向印度、锡兰与日本发展茶栽培业与投资制茶工厂，强使亚洲茶生产国发生竞争。1875年以后，印度与日本茶叶输出量逐增，19世纪80年代初期以降，中国茶终于由卖方市场的位置转变到买方市场的位置，外国商人逐渐放弃中国茶贸易。

另一方面，日本自中古中国引进饮茶习俗后，融合了儒、道、佛三教（此亦由中国导入）的精神，进一步发展出绿茶文化，规范凡人饮茶的礼仪，以此净化心灵，在和睦气氛中追寻生命之真谛。但是日本人日常生活中的喝茶则与现今中国台湾相似，以茶

图 37　三五好友喝茶聊天，反映台湾当代的庶民饮茶文化。

待客，以茶佐餐（饭前茶、饭后茶），不拘泥烦琐的礼仪，率性认真，甚至边喝茶边吸烟，茶香与烟味齐飘，充分显现出庶民文化的真貌。固然中国唐宋时代以来有所谓“文人茶”，讲究茗茶、茶器、泉水、汤候等，饮茶乃因此艺术化，今日台湾流行的茶艺不无承袭此风。但古今环境迥然不同，即使台湾人富裕，并有闲情逸致去“复古”，可重金求取茗茶与茶具，却何处去寻找名泉呢？何况“文人茶”乃当时士绅阶层所享受的，大多数民众（当时 90% 以上的人口是农民）无福接触，如果一再强调其艺术境界，似乎忽略了现实面。固然“品茗”是饮茶之道中的一种层次，然而“解渴”才是人们所以喝茶的最原始动机，于是出现了“牛饮”的现象，把茶叶的功能发挥得“淋漓尽致”。不但田边工作的农民如此，休闲运动后的工商界人士亦然，甚至爬山时的文人雅士亦不例外，因为这是活生生的人的本能。再者，小茶壶的出现确实有助于人们以茶会友，在自己家中、在茶艺馆中、在寺庙前，无论男女，不分老中青（年少者或许不太喜欢），彼此聚集在茶叶与茶具前，互相切磋茶艺，交换喝茶心得，高谈阔论，在茶香中发抒了自己的烦闷，净化了精神，甘醇了口唇，美化了心灵，充分显现了另一种风味的庶民饮茶文化。

参考书目

一、中文资料

王家勤编,《王靖毅公年谱》。北京:北京图书馆出版社,1999 年。

吴智和,《茶艺掌故》。宜兰:作者发行,1985 年。

冈仓天心,许淑真译注,《茶之书——茶道美学》。台北:茶学文学出版社,1985 年。

徐友梧纂,《霞浦县志》。台北:成文出版社影印,1967 年。

徐润,《徐愚斋自叙年谱》。上海:出版者不详,1927 年。

张宏庸,《中国的文人茶》,《国文天地》6 卷 8 期,1991 年 1 月。

梁嘉彬,《广东十三行考》。台中:东海大学,1960 年。

陈慈玉,《台北县茶业发展史》。台北:台北县立文化中心,1994 年。

陈慈玉,《近代中国茶业的发展与世界市场》。台北:"中研院"经济研究所,1982 年。

彭泽益,《清代广东洋行制度的起源》,《历史研究》第 1 期,1957 年。

彭泽益编,《中国近代手工业史资料》(1840—1949年)。北京：生活·读书·新知三联书店，1957年。
赵模修、王宝仁纂,《建阳县志》。台北：成文出版社影印，1975年。
严中平等编,《中国近代经济史统计资料选辑》。北京：科学出版社，1955年。

二、日文资料

内田直作,《在支英国经济の构成》,《一桥论丛》第7卷第3号，1941年3月。
内田直作,《东洋におけるィギリス资本主义の发展方式——经营代理制と买办制の比较考察》,《アヅア研究》第2卷第1号，1955年。
日本外务省,《英米仏露の各国及支那国间の条约》。东京：外务省条约局，1924年。
加藤德三郎,《日本茶贸易概观》。东京：茶业组合中央会议所，1935年。
田中正俊,《中国近代经济史研究序说》。东京：东京大学出版会，1973年。
羽田明,《伊犁通商条约の缔结とその意义》，和田博士古稀记念东洋史论丛编纂委员会,《和田博士古稀记念东洋史论丛》。东京：讲谈社，1961年。
吉田金一,《ロシアと清の贸易について》,《东洋学报》第45卷第4号，1963年3月。
角山荣,《茶の世界史》。东京：中央公论社，1980年。
佐佐木正哉,《阿片战争以前の通货问题》,《东方学》第8辑，1954年。

东亚同文会,《支那经济全书》第 2 卷。东京：丸善株式会社，1907 年。

东亚同文会,《福建省》,《支那省别全志》第 14 卷。东京：东亚同文会，1917—1920 年。

波多野善大,《中国输出茶の生产构造ーアヘン战争前におけるー》,《中国近代工业史の研究》。京都：京都大学东洋史研究会，1961 年。

三、英文资料

Ball, S., "Observations on the Expediency of Opening a Second Port in China," *Journal of the Royal Asiatic Society*, Vol. 6, 1841.

Banister, T. R., *A History of the External Trade of China, 1834–1881, and Synopsis of the External Trade of China, 1882–1931,* (*Decennial Reports, 1922–1931*). Shanghai: Statistical Department of the Inspectorate General of Custom, 1933.

China, Imperial Maritime Custom: *Annual Trade Reports and the Trade Returns of the Various Treaty Ports, 1864–1920.*

China, Imperial Maritime Custom: *Decennial Reports on Trade, Industries, etc. of the Ports Open to Foreign Commerce and on the Condition and Development of the Treaty Port Provinces*, 1882–1891; 1892–1901; 1902–1911; 1912–1921; 1922–1931.

Chu, T. H., *Tea Trade in Central China*. Shanghai: China Institute of Pacific Relations, 1936.

Davis, John F., *China, during the War and since the Peace.* London: Longman, Green, Brown and Longmans, 1852.

Forrest, D. M., *A Hundred Years of Ceylon Tea, 1867–1967.* London: Chatto & Windus, 1967.

Fortune, R., *Two Visits to the Tea Countries of China and the British Tea Plantations in the Himalaya.* London: John Murray, 1853.

Greenberg, Michael, *British Trade and the Opening of China 1800–42.* Cambridge: Cambridge University Press, 1951.

Griffin, Eldon, *Clippers and Consuls: American Consular and Commercial Relations with Eastern Asia, 1845–1860.* Ann Arbor, Michigan: Edwards Brothers, 1938.

Griffiths, P., *The History of the Indian Tea Industry.* London: Weidenfeld & Nicolson, 1967.

Hao, Yen-ping, *The Comprador in Nineteenth Century China: Bridge between East and West.* Cambridge, Mass.: Harvard University Press, 1970.

Hoh-Cheung & Mui, Lorna H., "The Commutation Act and the Tea Trade in Britain, 1784–1793," *The Economic History Review*, Vol. 16, No. 2, 1963.

Irish University Press Area Studies Series, *British Parliamentary Papers*: *China*, 42 Vols., 1971–1972.

LeFevour, E., *Western Enterprise in Late Ch'ing China.* Cambridge, Mass.: Harvard University Press, 1968.

Liu, Kwang-Ching, "Steamship Enterprise in Nineteenth–Century China," *The Journal of Asian Studies*, Vol. 18, No. 4, 1959.

Lubbock, Basil, *The China Clippers*. Glasgow: J. Brown & Son, 6th ed., 1925.

MacGregor, D. R., *The Tea Clippers*. London: Percival Marshall & Co., 1952.

Mackenzie, Compton, *Realms of Silver: One Hundred Years of Banking in the East*. London: Routledge & Kegan Paul, 1954.

Martin, Robert M., *China: Political, Commercial and Social.* London: J. Madden, 1847.

Morse, H. B., *The Chronicles of the East India Company, Trading to China 1635–1834*, Vol. I. Oxford: Clarendon Press, 1926.

Morse, H. B., *The Trade and Administration of the Chinese Empire*. Taipei: Ch' eng-wen, 1966.

Pritchard, E. H., "Anglo-Chinese Relations during the Seventeenth and Eighteenth Centuries," *University of Illinois Studies in the Social Sciences*, Vol. 17, Nos. 1–2. Illinois: Urbana, March-June, 1929.

Pritchard, E. H., "The Crucial Years of Early Anglo–Chinese Relations 1750–1800," *Research Studies of the State College of Washington*, Vol. 4, Nos. 3–4, Sept. & Dec. 1936.

Staunton, George B., *An Authentic Account of an Embassy from the King of Great Britain to the Emperor of China*. London: Nicol, 2nd ed., 1798.

图片出处：1, 9, 35: Getty Images; 5: Shutterstock; 38: 中国时报资料照片，陈清智摄。

图书在版编目(CIP)数据

生津解渴:中国茶叶的全球化/陈慈玉著.—北京:商务印书馆,2017(2021.12 重印)
(文明小史)
ISBN 978-7-100-12582-6

Ⅰ.①生… Ⅱ.①陈… Ⅲ.①茶文化—世界 Ⅳ.①TS971.21

中国版本图书馆 CIP 数据核字(2016)第 226699 号

生津解渴
——中国茶叶的全球化
陈慈玉 著

商务印书馆出版
(北京王府井大街36号 邮政编码100710)
商务印书馆发行
北京新华印刷有限公司印刷
ISBN 978-7-100-12582-6

2017 年 4 月第 1 版　开本 787×960 1/32
2021 年 12 月北京第 2 次印刷　印张 5⅛

定价:42.00 元